罗非鱼"百容1号"

穗丰鲫

长吻鮠"川江1号"

鲤"龙科 12 号"

红鳍东方鲀"天正 1 号"

罗氏沼虾"数丰 1 号"

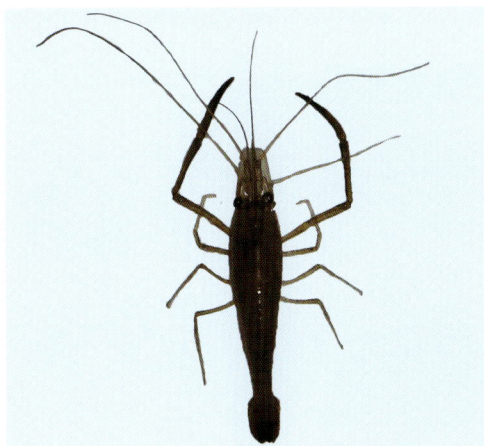

青虾"鄱阳湖 2 号"

中国对虾"黄海 6 号"

中华绒螯蟹"金农 1 号"

环棱螺"蠡湖 1 号"

青蛤"江海大 1 号"

栉孔扇贝"蓬莱红 4 号"

海带"海农1号"

中华鳖"长淮1号"

金虎杂交斑

黄颡鱼"全雄2号"

黄姑鱼"全雌1号"

2023水产新品种推广指南

2023 SHUICHAN XIN PINZHONG TUIGUANG ZHINAN

全国水产技术推广总站 编

中国农业出版社
北 京

图书在版编目（CIP）数据

2023 水产新品种推广指南 / 全国水产技术推广总站
编 . —北京：中国农业出版社，2023.11
ISBN 978 - 7 - 109 - 31321 - 7

Ⅰ.①2… Ⅱ.①全… Ⅲ.①水产养殖－指南 Ⅳ.
①S96－62

中国国家版本馆 CIP 数据核字（2023）第 209743 号

中国农业出版社出版
地址：北京市朝阳区麦子店街 18 号楼
邮编：100125
责任编辑：王金环 蔺雅婷
版式设计：王 晨 责任校对：吴丽婷
印刷：北京通州皇家印刷厂
版次：2023 年 11 月第 1 版
印次：2023 年 11 月北京第 1 次印刷
发行：新华书店北京发行所
开本：700mm×1000mm 1/16
印张：10.75 插页：2
字数：210 千字
定价：78.00 元

前　言

2023 年 7 月 17 日，农业农村部第 687 号公告公布了第六届全国水产原种和良种审定委员会第五次会议审议通过的 17 个水产新品种。为促进这些新品种在水产养殖生产中的推广应用，我们组织相关单位的苗种培育和养殖技术专家编写了本书。

本书重点介绍了新品种的培育过程、品种特性、人工繁殖及养殖技术等，提供了良种供应单位信息，可供水产科研、推广、养殖技术人员和养殖生产者参考。

需要说明的是，水产新品种不适宜进行人工增殖放流，杂交新品种须在人工可控的环境下养殖。

本书的编写得到了新品种培育单位育种科技人员的大力支持，在此表示衷心感谢！因编者水平有限，书中不妥之处，敬请广大读者批评指正。

编　者

2023 年 7 月

目　录

中华人民共和国农业农村部公告
第 687 号

罗非鱼"百容 1 号"等 17 个水产新品种，业经全国水产原种和良种审定委员会审定通过，且公示期满无异议。根据《中华人民共和国渔业法》有关规定，现予公告。

附件：1. 2023 年审定通过的水产新品种
      2. 2023 年水产新品种简介

农业农村部
2023 年 7 月 17 日

附件 1

2023 年审定通过的水产新品种

序号	品种登记号	品种名称	育种单位
1	GS-01-001-2023	罗非鱼"百容 1 号"	海南海大水产种业发展有限责任公司、海南百容水产良种有限公司、广东海大集团股份有限公司、中山大学
2	GS-01-002-2023	穗丰鲫	广州市建波鱼苗场有限公司、华南师范大学、广州市南沙区农业农村服务中心
3	GS-01-003-2023	长吻鮠"川江 1 号"	四川省农业科学院水产研究所、中国水产科学研究院淡水渔业研究中心、四川省珍稀特有鱼类保护与利用中心、西南大学、中国科学院水生生物研究所
4	GS-01-004-2023	鲤"龙科 12 号"	中国水产科学研究院黑龙江水产研究所
5	GS-01-005-2023	红鳍东方鲀"天正 1 号"	唐山牧海水产养殖有限公司、中国水产科学研究院黄海水产研究所、大连海洋大学、大连天正实业有限公司

（续）

序号	品种登记号	品种名称	育种单位
6	GS-01-006-2023	罗氏沼虾"数丰1号"	江苏数丰水产种业有限公司、中国水产科学研究院黄海水产研究所、湖州师范学院、浙江国梁水产科技有限公司
7	GS-01-007-2023	青虾"鄱阳湖2号"	上海海洋大学、武义伟民水产养殖有限公司、江西省水生生物保护救助中心、江西省进贤县军山湖鱼蟹开发公司
8	GS-01-008-2023	中国对虾"黄海6号"	中国水产科学研究院黄海水产研究所、唐山市曹妃甸区会达水产养殖有限公司
9	GS-01-009-2023	中华绒螯蟹"金农1号"	南京农业大学、江苏海普瑞饲料有限公司、江苏华海种业科技有限公司
10	GS-01-010-2023	环棱螺"蠡湖1号"	中国水产科学研究院淡水渔业研究中心、华中农业大学、江西省水产科学研究所、广西壮族自治区水产科学研究院、无锡市水产畜牧技术推广中心
11	GS-01-011-2023	青蛤"江海大1号"	江苏海洋大学、连云港海浪水产养殖有限公司、连云港众创水产养殖有限公司
12	GS-01-012-2023	栉孔扇贝"蓬莱红4号"	中国海洋大学
13	GS-01-013-2023	海带"海农1号"	中国海洋大学、荣成海兴水产有限公司、福建省鑫海水产苗种有限公司、威海长青海洋科技股份有限公司、厦门大学
14	GS-01-014-2023	中华鳖"长淮1号"	中国水产科学研究院长江水产研究所、安徽省喜佳农业发展有限公司
15	GS-02-001-2023	金虎杂交斑	中国水产科学研究院黄海水产研究所、莱州明波水产有限公司、海南晨海水产有限公司、中山大学、漳州市奕鑫水产有限公司、漳浦县水产技术推广站
16	GS-04-001-2023	黄颡鱼"全雄2号"	华中农业大学、中国科学院水生生物研究所、武汉百瑞生物技术有限公司、武汉市农业科学院、湖南省田家湖渔业科技有限责任公司
17	GS-04-002-2023	黄姑鱼"全雌1号"	浙江省海洋水产研究所、浙江海洋大学、浙江省舟山市水产研究所

附件 2

2023 年水产新品种简介

一、水产新品种登记说明

全国水产原种和良种审定委员会审定通过的水产新品种登记号说明如下：

（一）"G"为"国"的第一个拼音字母，"S"为"审"的第一个拼音字母，以示国家审定通过的品种。

（二）"01""02""03""04"分别表示选育、杂交、引进和其他类品种。

（三）"001""002"……为品种顺序号。

（四）"2023"为审定通过的年份。

如："GS-01-001-2023"为罗非鱼"百容1号"的品种登记号，表示2023年国家审定通过的排序1号的选育品种。

二、2023 年审定的水产新品种简介

（一）品种名称：罗非鱼"百容1号"

水产新品种登记号：GS-01-001-2023
亲本来源：吉富罗非鱼群体和"新吉富"罗非鱼群体
育种单位：海南海大水产种业发展有限责任公司、海南百容水产良种有限公司、广东海大集团股份有限公司、中山大学
简介：该品种是以 2010 年从国家级广西南宁罗非鱼良种场引进的 5 000 尾吉富罗非鱼和 2011—2012 年从上海海洋大学引进的"新吉富"罗非鱼 10 万尾为基础群体，以体重为目标性状，采用家系选育技术，经连续 6 代选育而成。在相同养殖条件下，与"新吉富"罗非鱼相比，6 月龄体重提高 26.8%。适宜在全国水温 20～32 ℃的人工可控的淡水水体中养殖。

（二）品种名称：穗丰鲫

水产新品种登记号：GS-01-002-2023
亲本来源：彭泽鲫养殖群体，尖鳍鲤广西钦江野生群体
育种单位：广州市建波鱼苗场有限公司、华南师范大学、广州市南沙区农业农村服务中心
简介：该品种是以 2012 年从江西彭泽县彭泽鲫良种场引进的彭泽鲫中挑选的高背型（♀）和低背型（♂）交配后代中以体型为标准选取的 5 600 余尾作为基础群体。以体重和体型为目标性状，经连续 6 代群体选育获得的彭泽鲫

雌鱼为母本，以 2008 年从广西钦江收集并以体重为目标性状经连续 5 代群体选育获得的尖鳍鲤雄鱼为父本，经异源雌核发育而成。在相同养殖条件下，与彭泽鲫和白金丰产鲫相比，12 月龄体重分别提高 30.8％和 11.2％。适宜在全国水温 5～34 ℃的人工可控的淡水水体中养殖。

（三）品种名称：长吻鮠"川江 1 号"

水产新品种登记号：GS－01－003－2023
亲本来源：长吻鮠长江宜宾—泸州段野生群体
育种单位：四川省农业科学院水产研究所、中国水产科学研究院淡水渔业研究中心、四川省珍稀特有鱼类保护与利用中心、西南大学、中国科学院水生生物研究所
简介：该品种是以 1998 年从长江宜宾—泸州段收集的野生长吻鮠中挑选 1 200 尾为基础群体，以生长速度为目标性状，采用群体选育技术，经连续 4 代选育而成。在相同养殖条件下，与未经选育的长吻鮠相比，18 月龄体重提高 25.84％。适宜在全国水温 16～32 ℃的人工可控的淡水水体中养殖。

（四）品种名称：鲤"龙科 12 号"

水产新品种登记号：GS－01－004－2023
亲本来源：大头鲤云南晋宁水库野生群体，鲤嫩江泰来段野生群体
育种单位：中国水产科学研究院黑龙江水产研究所
简介：该品种是以 1983 年从云南省晋宁水库收集的野生大头鲤 200 尾和 1978 年从嫩江泰来段收集的野生鲤 200 尾为基础群体，通过杂交（大头鲤♀×鲤♂）-自交-回交（×大头鲤♂）的方式综合优势。在此基础上，以肌内脂肪含量为主要目标性状，采用群体选育方法，经连续 5 代选育而成。在相同养殖条件下，与黑龙江鲤和松荷鲤相比，18 月龄肌内脂肪含量分别提高 137.18％和 65.59％；与大头鲤无显著差异。适宜在全国水温 20～28 ℃的人工可控的淡水水体中养殖。

（五）品种名称：红鳍东方鲀"天正 1 号"

水产新品种登记号：GS－01－005－2023
亲本来源：红鳍东方鲀辽宁大连、河北唐山、山东威海野生群体和日本养殖群体自繁一代群体
育种单位：唐山牧海水产养殖有限公司、中国水产科学研究院黄海水产研究所、大连海洋大学、大连天正实业有限公司
简介：该品种以 1997—1998 年，从辽宁大连、河北唐山、山东威海等地收集的野生红鳍东方鲀 2 500 尾和从日本濑户内海引进的养殖红鳍东方鲀受精

卵所繁育的 3 000 尾个体为基础群体，以体重为目标性状，采用群体选育技术，经连续 6 代选育而成。在相同养殖条件下，与未经选育的红鳍东方鲀相比，22 月龄体重平均提高 31.68%。适宜在山东、河北、辽宁等地水温 15～25 ℃和盐度 15～32 的人工可控的海水水体中养殖。

（六）品种名称：罗氏沼虾"数丰 1 号"

水产新品种登记号：GS-01-006-2023
亲本来源：罗氏沼虾"南太湖 2 号"养殖群体和罗氏沼虾泰国群体
育种单位：江苏数丰水产种业有限公司、中国水产科学研究院黄海水产研究所、湖州师范学院、浙江国梁水产科技有限公司
简介：该品种是以 2015 年从罗氏沼虾"南太湖 2 号"养殖群体中挑选的 134 尾亲虾和 2016 年从泰国群体中挑选的 20 尾抱卵雌虾作为基础群体，以体重为目标性状，采用家系选育技术，经连续 4 代选育而成。在相同养殖条件下，与罗氏沼虾"南太湖 2 号"相比，120 日龄生长速度提高 18.0%。适宜在全国水温 22～32 ℃和盐度 0～3 的人工可控的水体中养殖。

（七）品种名称：青虾"鄱阳湖 2 号"

水产新品种登记号：GS-01-007-2023
亲本来源：青虾鄱阳湖野生群体
育种单位：上海海洋大学、武义伟民水产养殖有限公司、江西省水生生物保护救助中心、江西省进贤县军山湖鱼蟹开发公司
简介：该品种是以 2014 年从鄱阳湖区采集的 4 万尾野生青虾为基础群体，以体重为目标性状，采用群体选育技术，经连续 6 代选育而成。在相同养殖条件下，与未经选育的鄱阳湖青虾相比，150 日龄体重平均提高 23.1%。适宜在鄱阳湖及其周边地区水温 8～30 ℃和盐度 0～6 的人工可控的水体中养殖。

（八）品种名称：中国对虾"黄海 6 号"

水产新品种登记号：GS-01-008-2023
亲本来源：中国对虾"黄海 5 号"育种核心群体和中国对虾朝鲜半岛西海岸野生群体
育种单位：中国水产科学研究院黄海水产研究所、唐山市曹妃甸区会达水产养殖有限公司
简介：该品种是以 2015 年从中国对虾"黄海 5 号"核心育种群体和朝鲜半岛西海岸收集的中国对虾野生群体中分别挑选的 1 200 尾和 140 尾个体为基础群体，以低温耐受性、WSSV（白斑综合征病毒）抗性和收获体重为目标性

状，采用家系选育技术，经连续 5 代选育而成。在相同养殖条件下，与未经选育的中国对虾相比，低温半致死存活率、WSSV 感染后半致死存活率和 210 日龄体重分别提高 32.22%、27.74% 和 41.27%；与中国对虾"黄海 5 号"相比，低温半致死存活率、WSSV 感染后半致死存活率和 210 日龄体重分别提高 15.73%、11.33% 和 14.86%。适宜在我国中国对虾主产区水温 15～30 ℃和盐度 20～33 的人工可控的海水水体中养殖。

（九）品种名称：中华绒螯蟹"金农 1 号"

水产新品种登记号：GS－01－009－2023

亲本来源：中华绒螯蟹长江江苏江都至泰州段野生群体雄蟹与中华绒螯蟹江苏高淳、金坛养殖群体雌蟹

育种单位：南京农业大学、江苏海普瑞饲料有限公司、江苏华海种业科技有限公司

简介：该品种是以 2009 年从长江江都至泰州段水域收集的中华绒螯蟹野生雄蟹，以及从江苏高淳、金坛地区收集的中华绒螯蟹养殖雌蟹，共 1 024 只个体构建偶数年基础群体，2010 年以同样配组办法收集的 956 只个体构建奇数年基础群体，在全程投喂配合饲料的条件下，以体重为目标性状，采用群体选育技术，奇、偶年同步选育，经连续 5 代选育而成。在全程投喂配合饲料的相同养殖条件下，与其他中华绒螯蟹品种相比，17 月龄体重提高 12.41%。适宜在全国水温 10～32 ℃人工可控的淡水水体中养殖。

（十）品种名称：环棱螺"蠡湖 1 号"

水产新品种登记号：GS－01－010－2023

亲本来源：环棱螺江苏无锡芙蓉湖野生群体

育种单位：中国水产科学研究院淡水渔业研究中心、华中农业大学、江西省水产科学研究所、广西壮族自治区水产科学研究院、无锡市水产畜牧技术推广中心

简介：该品种是以 2014 年从无锡芙蓉湖收集的 10 000 只野生环棱螺作为基础群体，以体重和壳宽为目标性状，采用群体选育技术，经连续 5 代选育而成。在相同养殖条件下，与未经选育的环棱螺相比，8 月龄体重和壳宽分别提高 28.5% 和 10.1%。适宜在江苏、湖北、江西等地水温 15～30 ℃人工可控的淡水水体中进行养殖。

（十一）品种名称：青蛤"江海大 1 号"

水产新品种登记号：GS－01－011－2023

亲本来源：青蛤江苏东台、海南铺前湾野生群体

育种单位：江苏海洋大学、连云港海浪水产养殖有限公司、连云港众创水产养殖有限公司

简介：该品种是以2007年从江苏东台、海南铺前湾分别收集的316粒和298粒野生青蛤为基础群体，以壳长和体重为目标性状，采用群体选育技术，经连续5代选育而成。在相同养殖条件下，与未经选育的青蛤相比，18月龄壳长和体重分别提高17.11％和40.34％。适宜在山东、浙江、江苏等沿海地区水温10～28℃和盐度15～32的人工可控的海水水体中养殖。

（十二）品种名称：栉孔扇贝"蓬莱红4号"

水产新品种登记号：GS-01-012-2023

亲本来源：栉孔扇贝"蓬莱红2号"群体、山东青岛和荣成养殖群体

育种单位：中国海洋大学

简介：该品种是以2010年从栉孔扇贝"蓬莱红2号"群体中挑选的10 000枚个体以及在山东青岛和荣成收集的栉孔扇贝养殖群体红壳色个体10 000枚为基础群体，以耐温和壳高为目标性状，采用全基因组选择育种辅以基于心率的耐温性状高效测评技术，经连续4代选育而成。在相同养殖条件下，与未经选育的栉孔扇贝相比，24月龄耐温上限和壳高分别提高3.50℃和20.86％；与栉孔扇贝"蓬莱红2号"相比，24月龄耐温上限和壳高分别提高2.93℃和14.02％。适宜在我国栉孔扇贝主产区水温-1.5～28℃和盐度25～33的人工可控的海水水体中养殖。

（十三）海带"海农1号"

水产新品种登记号：GS-01-013-2023

亲本来源：海带山东荣成养殖群体

育种单位：中国海洋大学、荣成海兴水产有限公司、福建省鑫海水产苗种有限公司、威海长青海洋科技股份有限公司、厦门大学

简介：该品种是以2014年从山东威海荣成俚岛海区海带养殖群体中藻体基部至中部平直的20株个体为基础群体，以产量（鲜重）为目标性状，采用群体选育技术，经连续4代选育而成。该品种成熟期孢子囊发达、适宜采苗操作，且养殖中期增产效果明显，可提前进行大规模收获。在北方地区的相同栽培条件下，与普通养殖海带相比，5月中下旬产量平均提高11％；在南方地区相同的栽培条件下，与普通养殖海带相比，3月中下旬产量平均提高13％。适宜在山东、福建等地水温1～20℃的人工可控的海水水体中栽培。

（十四）品种名称：中华鳖"长淮 1 号"

水产新品种登记号：GS‐01‐014‐2023
亲本来源：黄河水系中华鳖养殖群体
育种单位：中国水产科学研究院长江水产研究所、安徽省喜佳农业发展有限公司

简介：该品种是以 2003 年从黄河品系中华鳖养殖群体中挑选的 5 000 只个体作为基础群体，以体重为目标性状，采用群体选育技术，经连续 4 代选育而成。在相同的养殖条件下，与未经选育的黄河品系中华鳖养殖群体相比，11 月龄体重提高 15.22%；21 月龄体重提高 13.40%。适宜在我国北方地区水温 20～35 ℃的人工可控的淡水水体中养殖。

（十五）金虎杂交斑

水产新品种登记号：GS‐02‐001‐2023
亲本来源：棕点石斑鱼♀×蓝身大斑石斑鱼♂
育种单位：中国水产科学研究院黄海水产研究所、莱州明波水产有限公司、海南晨海水产有限公司、中山大学、漳州市奕鑫水产有限公司、漳浦县水产技术推广站

简介：该品种是以 2012 年从海南陵水、乐东收集并以生长为目标性状、经连续 2 代群体选育获得的棕点石斑鱼为母本，以 2012 年从海南三亚、福建漳浦收集并以生长为目标性状、经连续 2 代群体选育获得的蓝身大斑石斑鱼为父本，杂交获得的 F_1，即为金虎杂交斑。在相同养殖条件下，与母本相比，12、25 月龄体重分别提高 74.4%、100.2%；与广泛养殖种珍珠龙胆（棕点石斑鱼♀×鞍带石斑鱼♂）相比，12、23 月龄体重分别提高 48.8%、60.7%。适宜在全国沿海地区水温 16～32 ℃和盐度 25～32 的人工可控的海水水体中养殖。

（十六）黄颡鱼"全雄 2 号"

水产新品种登记号：GS‐04‐001‐2023
亲本来源：黄颡鱼洞庭湖湖南岳阳湖区和淮河安徽淮南段野生群体
育种单位：华中农业大学、中国科学院水生生物研究所、武汉百瑞生物技术有限公司、武汉市农业科学院、湖南省田家湖渔业科技有限责任公司

简介：该品种是以 2014—2015 年从洞庭湖岳阳湖区采捕并以体重为目标性状、经连续 3 代群体选育和 2 代性别控制诱导技术获得的黄颡鱼生理雄鱼（XX′）与雌鱼人工繁殖获得的全雌黄颡鱼为母本，以 2014—2015 年从淮河淮

南段采捕并以体重为目标性状、经连续 3 代群体选育和 2 代性别控制诱导技术获得的黄颡鱼超雄鱼（YY）与生理雌鱼（YY′）人工繁殖获得的超雄黄颡鱼为父本，经人工繁殖获得的 F_1，即黄颡鱼"全雄 2 号"。在相同养殖条件下，与黄颡鱼"全雄 1 号"相比，12 月龄体重提高 12.42％，雄性率为 100％。适宜在全国水温 10～34 ℃的人工可控的淡水水体中养殖。

（十七）品种名称：黄姑鱼"全雌 1 号"

水产新品种登记号：GS－04－002－2023
亲本来源：黄姑鱼浙江舟山海域野生群体
育种单位：浙江省海洋水产研究所、浙江海洋大学、浙江省舟山市水产研究所

简介：该品种是以 2003—2006 年从浙江舟山海域收集的野生群体为基础群体，以体重为目标性状，经连续 4 代群体选育获得的黄姑鱼子代雌鱼为母本；以连续 2 代群体选育的雌鱼为母本经雌核发育和诱导性反转获得生理性雄鱼，再与第 3 代群体选育的黄姑鱼雌鱼配组繁育获得全雌鱼苗，并对全雌鱼苗诱导性反转获得的生理性雄鱼（XX′）为父本，经配组繁殖获得的 F_1，即黄姑鱼"全雌 1 号"。在相同养殖条件下，与未经选育的黄姑鱼相比，18 月龄体重提高 28.28％，雌性率为 100％。适宜在全国水温 8～30 ℃和盐度 6～32 的人工可控的海水水体中养殖。

罗非鱼 "百容1号"

一、品种概况

(一) 培育背景

罗非鱼（*Oreochromis* spp.）原产于非洲，隶属鲈形目、丽鱼科、罗非鱼属，具有适应性强、食性广泛、生长速度快、生产周期短、繁殖能力强等特点，是联合国粮农组织向全世界推广的优良养殖鱼类之一。罗非鱼是世界上继鲤科鱼类后的第二大水产养殖鱼类，而我国则是罗非鱼生产及贸易第一大国，主要养殖省份有广东、海南、广西、福建和云南五省（自治区）。

目前国内外多以生长速度较快的吉富品系罗非鱼和自然杂交雄性率较高的奥尼罗非鱼为主要养殖对象，但部分养殖品种已有不同程度的近交衰退。我国自主罗非鱼品牌在国际主流市场上影响力有限，良种资源总体仍受控于外资企业，这与我国作为世界上最大的罗非鱼养殖和消费国的地位极不相称。

因此，以市场需求为导向，进一步开发有国际市场竞争力的、具自主知识产权的罗非鱼新品种势在必行。在此情形下，海南海大水产种业发展有限责任公司、海南百容水产良种有限公司、广东海大集团股份有限公司及中山大学联合组建了一支高效、精进的产学研育种研发团队，充分发挥各方优势，经稳定、持续遗传选育，最终成功开发出性状优良、极具市场竞争力的罗非鱼养殖新品种——罗非鱼 "百容1号"。

(二) 育种过程

1. 亲本来源

2010年从国家级广西南宁罗非鱼良种场引进的吉富品系罗非鱼种苗5 000尾，以及先后于2011—2012年从上海海洋大学引进的 "新吉富" 罗非鱼（品种登记号：GS-01-001-2005）群体10万尾，构成了罗非鱼 "百容1号" 选育的基础群体，从引种群体中挑选优良的个体，开展良种选育计划。

2. 技术路线

罗非鱼 "百容1号" 培育技术路线见图1。

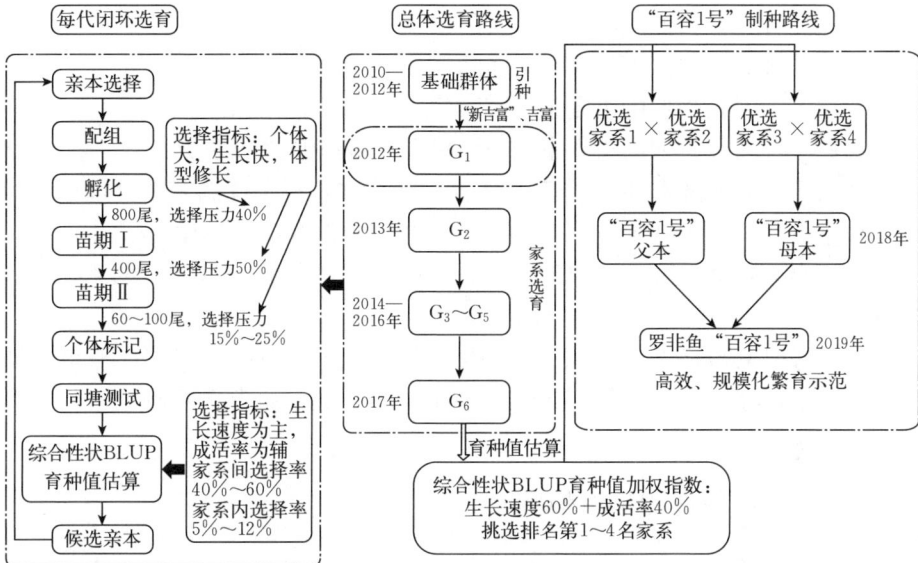

图 1　罗非鱼"百容1号"培育技术路线

3. 培（选）育过程

以吉富品系罗非鱼和"新吉富"罗非鱼群体为选育基础群体，挑选生产性状优良的个体作为亲本，在 2012 年 4 月，采用完全随机设计（completely random design）的配组方案进行亲本的交配，共构建 100 个 G_1 家系，实际成功获得家系 31 个。每个家系保留约 800 尾种苗进行培育，在种苗培育的夏花阶段（体长约 3 厘米），进行第一次筛选，选择生长快、个体大、符合种质要求、鱼体健康的个体，选择率约为 50％。在培育到苗种规格 10 克/尾左右（42～45 日龄）时，进行第二次筛选，选择体型和体色符合种质要求、鱼体健康、生长性状好的个体，每个家系选留鱼种 60～100 尾，选择率为 15％～25％。继续培育到规格 500～600 克/尾时，进行第三次筛选，所有家系全部保留，只做家系内的筛选，体重超过所属家系同性别平均体重 20％以上的，即被选留作为候选亲本参与 G_2 家系的生产，共选留雄鱼 91 尾、雌鱼 146 尾。

2013 年 4 月，按照配组方案，成功建立 G_2 62 个家系。家系个体 PIT 标记及培育，以及培育后的标准化选择，均同 G_1。不同之处在于，从 G_2 开始进行了家系间的选择，通过采用综合性状 BLUP 家系育种技术，根据估算育种值按家系指数选择法进行家系间和家系内选择，未中选的家系个体全部淘汰。依据育种值排名，保留排名靠前的家系 40％～50％，家系间选择率为 40％～60％，家系内选择率为 5％～12％；从选留的生长速度快、成活率高的家系中选择体型和体色符合种质要求、鱼体健康、生长性状好的个体，每个家系选留父本和母本各 3～8 尾，家系内个体最终选择率为 0.7%～2%。

2014 年 4 月，按照配组方案，实际建立了 G_3 112 个家系。

2015 年 4 月，按照配组方案，实际建立了 G_4 123 个家系。

2016 年 4 月，按照配组方案，实际建立了 G_5 122 个家系。

2017 年 4 月，按照配组方案，实际建立了 G_6 101 个家系。

2017 年，挑选最优的 4 个家系作为祖代亲本，每个优选家系挑选最好的个体，雌鱼 8～10 尾，雄鱼 4～6 尾，采用雌雄比例 2∶1 的交配方式生产。

2018 年，由特定的交配形成 2 个父母代亲本组合，即为"百容 1 号"亲本。

每组保留 1 000～2 000 尾优良个体，两个组合配对生产的后代 F_1 群体即为罗非鱼"百容 1 号"。在鱼苗开口摄食时经芳香化酶抑制剂药物处理后即可获得全雄罗非鱼"百容 1 号"商业苗。

（三）品种特性和中试情况

1. 品种特性

罗非鱼"百容 1 号"是以生长速度为主要选育目标，运用综合性状 BLUP 家系选择法进行家系内和家系间选择，结合微卫星分子标记技术评估群体遗传多样性，经连续 6 个世代遗传选育而成。在相同养殖条件下，与"新吉富"罗非鱼相比，罗非鱼"百容 1 号"生长速度提高 26.8%～36.3%，养殖效益明显提高，并且商品鱼规格整齐、耐运输。

2. 中试情况

2019—2021 年，在广东、海南、福建、广西等多地进行池塘养殖模式的中间试验示范养殖，同时在罗非鱼主养区，选择 2 个试验点（广东化州和海南文昌），连续 2 年开展罗非鱼"百容 1 号"与当地养殖群体完整周期的生产性对比试验，累计试验面积超过 2 880 亩[①]。试验结果表明，在相同养殖条件下，罗非鱼"百容 1 号"具有生长快、规格整齐、养殖成活率高的特点，与"新吉富"罗非鱼相比，罗非鱼"百容 1 号"生长速度提高 26.8%～36.3%。

二、人工繁殖技术

（一）亲本选择与培育

1. 亲本选择

繁育单位进行配组制种时，要确保亲本来源明确。在繁殖季节，挑选体型

---

① 亩为非法定计量单位，1 亩＝1/15 公顷，下同。——编者注

和体色符合种质要求、鱼体健康、生长性状好的性成熟个体作为繁殖亲本。

2. 亲本培育

（1）培育环境　池塘要求面积为4～10亩，水深在2.5～3.0米，池底平坦，底质以弱碱性土壤为宜，水源充足，水质良好，溶解氧量高，进排水方便，有独立的进排水系统，通风透光。鱼池选好后，清塘消毒，注入新水。微流水更适宜亲鱼的性腺发育和成熟。

（2）饲养管理　亲鱼采用专塘集中培育，每亩放养量为1 500～2 000尾，全程投喂商业配合饲料，每天足量投喂1～2次，每日投喂量为亲鱼体重的1%～2%。培育池中适当套养少量鲢，用于调节水质。当池水水质变浓、透明度低于20厘米时，须及时换注新水；天气多变季节及夜间应及时合理增氧，确保亲鱼生长发育良好。

（二）人工繁殖

罗非鱼一般在水温稳定到22 ℃以上时开始产卵。将亲本按（2～2.5）∶1的雌雄比例放入交配池塘或者交配网箱中让其自然交配和产卵，每隔3～5天将受精卵收集到孵化车间进行人工孵化。收集卵时应双手抓住已产卵雌鱼，掰开下颌，头部朝下在水中轻微晃动，将雌鱼嘴里的卵全部取出。孵化车间采用自动循环、人工可控的孵化系统，孵化器为倒金字塔形状的玻璃钢小桶，底部稍微呈环形凸起。孵化时保持水质良好，溶解氧在5毫克/升以上，水流稳定，避免阳光直射。

（三）苗种培育

放苗前应先消毒水体，并检查网箱有无破损。水深0.8～1.0米，以后每天加注少量新水，逐渐加至1.5米。放养密度为3 000～5 000尾/米^3。鱼苗孵出后的第2～3天，待大部分个体的卵黄囊消失后，开始投喂开口饵料。初期应投喂超微粉料，每天投喂6～10次，投喂量视鱼苗的摄食情况而增减。当鱼苗长至2.0～3.0厘米时，培育密度应适当降低。鱼苗饲养过程中分期向鱼塘注水是提高鱼苗生长率和成活率的有效措施。一般每5～7天注水1次，每次注水10厘米左右，直到较理想水位，以后再根据天气和水质，适当更换部分池水。

三、健康养殖技术

（一）健康养殖（生态养殖）模式和配套技术

采用池塘单养模式。

1. 池塘基本条件

选择水源良好、水质清新、无工业污染、土质良好、交通方便的池塘，面积 5～20 亩，水深 2.5～4 米，池底平坦，塘基坚固，保水性能好，四周通风。

2. 放养前准备

（1）整池、清塘　池塘在放养前应排干塘水，暴晒 1 周以上，并在晒塘期间修补、加固塘基。用生石灰 225 毫克/升干池清塘，或使塘水保持 1 米，亩用茶麸 50 千克，打碎浸溶后全池泼洒。清塘后 3 天内不要进新水，以免影响清塘效果。

（2）施肥、培育水质　清塘后 7 天左右，待药物毒性消失，用 60 目筛绢网过滤进水 70～80 厘米，亩施有机肥 300～400 千克，培育浮游动植物饵料。随着水转浓逐渐加注水至 1 米。待鱼苗入池塘后，随水温增高和鱼体长大，逐步加注水到池塘最大蓄水深度。

3. 鱼苗放养

（1）鱼苗的选择　选择体表光滑无伤、体质健壮、鱼体丰满、规格整齐、雄性率高、规格为 5 厘米左右的罗非鱼苗。

（2）放养密度　按 5～10 尾/米^3 的密度投放罗非鱼苗，适当搭配 50 克/尾的鳙 40～50 尾/亩、30 克/尾的鲢 30～40 尾/亩。

4. 饲养管理

（1）配备增氧设施　按每 2～3 亩配设 1 台增氧机的原则配备增氧设施，以保证高密度养殖条件下，所养殖的罗非鱼不出现浮头现象，确保高产稳产。

（2）投饲　全程投放罗非鱼全价配合饲料，坚持"四定"投喂，一般情况下每天投放饲料 2 次，9:00—10:00、17:00—18:00 各 1 次。日投放量为鱼体重的 3%～4%。保持水质清新，确保鱼类有良好的食欲，以达到快速生长。

（二）主要病害防治方法

1. 溃疡病

【病因及症状】病因为擦伤或冻伤。常见于鱼体背侧和腹侧，皮肤发炎肿胀，溃疡脱鳞。

【流行季节】冬季。

【防治方法】防止鱼体冻伤或者擦伤，在越冬池上加盖保温膜，保持水质清新。

2. 水霉病

【病因及症状】由水霉菌引起，病鱼焦躁不安，游泳迟缓，皮肤黏液增多，食欲减退，鱼体衰弱消瘦而死。

【流行季节】冬季。

【防治方法】发病后可将越冬池水温提高到 20 ℃以上；也可用 2%～3% 的食盐水浸泡病鱼 5 分钟；用 0.04% 的食盐和 0.04% 的小苏打合剂全池泼洒，有较好疗效。

3. 车轮虫病

【病因及症状】病因由车轮虫大量寄生于鱼体鳃部和皮肤引起。病鱼离群独游，浮于水面缓慢游动，食欲减退，可引起大批死亡。

【流行季节】春季、冬季。

【防治方法】每立方米水体用 0.5 克硫酸铜和 0.2 克硫酸亚铁全池泼洒，或用 1%～2% 的食盐水浸泡病鱼 2～5 分钟。

四、育种和苗种供应单位

（一）育种单位

1. 海南海大水产种业发展有限责任公司
地址和邮编：海南省文昌市会文镇冯家湾产业园区，571300
联系人：袁瑞敏
电话：13352805023

2. 海南百容水产良种有限公司
地址和邮编：海南省定安县龙湖镇文笔峰风景区旁，571200
联系人：尹建雄
电话：13814750999

3. 广东海大集团股份有限公司
地址和邮编：广东省广州市番禺区南村镇万博四路 42 号 2 座 701，511400
联系人：薛华
电话：020 - 39388960

4. 中山大学
地址和邮编：广东省广州市海珠区新港西路 135 号，510000
联系人：张勇
电话：13826091886

（二）苗种供应单位

海南百容水产良种有限公司
地址和邮编：海南省定安县龙湖镇文笔峰风景区旁，571200
联系人：尹建雄

电话：13814750999

五、编写人员名单

姜冬火、杨空松、郑德锋、郭向召、袁瑞敏、尹建雄、张勇、夏军红、方亚劳、付涛等

穗 丰 鲫

一、品种概况

(一) 培育背景

鲫是我国重要的大宗淡水养殖对象之一。《2021 中国渔业统计年鉴》显示，2020 年鲫养殖产量为 274.85 万吨，排在淡水养殖种类的第 5 位，占有举足轻重的地位。利用雌核发育、远缘杂交及多倍体育种等技术方法，我国先后培育出松浦鲫（1996 年）、湘云鲫（2001 年）、异育银鲫"中科 3 号"（2007 年）、湘云鲫 2 号（2008 年）、芙蓉鲤鲫（2009 年）、白金丰产鲫（2015 年）、长丰鲫（2015 年）、合方鲫（2016 年）、异育银鲫"中科 5 号"（2017 年）、合方鲫 2 号（2022 年）等鲫养殖新品种。

育种团队前期在彭泽鲫的种苗生产过程中，发现彭泽鲫种群内至少存在两种不同的类型，其中一种类型体背较高（高背型，H 系），另一种类型体背较低（低背型，L 系）。利用系间交配的原理，以生长优势和体型为选育指标，对两个雌核发育系交配的 HL 系进行连续 6 代选育，以选育后的 HL 系为母本，用连续选育 5 代的尖鳍鲤提供异源精子进行雌核生殖，培育出新品种穗丰鲫。

(二) 育种过程

1. 亲本来源

（1）母本　彭泽鲫于 2012 年 10 月从江西省九江市彭泽县彭泽鲫良种场引进，共 6 000 尾，个体重 0.35～0.5 千克。其中符合典型 H 系形态特征的个体共 3 542 尾，雌鱼 3 140 尾、雄鱼 402 尾；符合典型 L 系形态特征的个体共 2 200 尾，雌鱼 1 830 尾、雄鱼 370 尾。2013 年 1 月，以上述挑选出的彭泽鲫 H 系为母本、L 系为父本，系间交配得到 HL 系鱼苗 400 万尾，经专门培育养殖，于 2013 年 12 月挑选出符合彭泽鲫 HL 系典型形态特征的个体 5 680 尾（其中雌鱼 5 153 尾、雄鱼 527 尾），作为母本彭泽鲫选育的基础群体（F_0）。

（2）父本　于 2008 年 12 月从广西钦州钦江河口收购当地渔民捕获的野生

尖鳍鲤，共 800 尾，体重 0.4～1.2 千克，其中雌鱼 563 尾、雄鱼 237 尾，作为尖鳍鲤选育的基础群体（F_0）。

2. 技术路线

穗丰鲫培育技术路线见图 1。

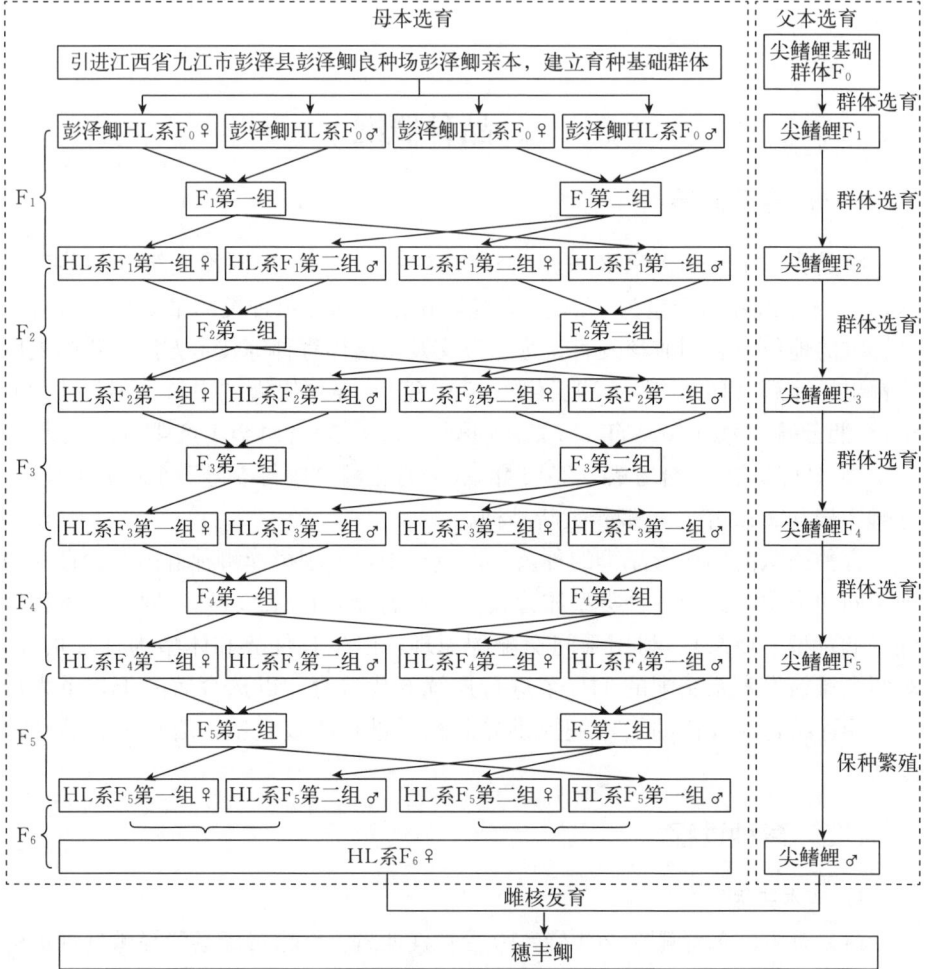

图 1　穗丰鲫培育技术路线

3. 培（选）育过程

（1）母本选育过程　从 2014 年开始，共进行连续 6 代的繁殖和选育。每代选育设置 2 个组别，在夏花、秋片和繁殖期分别按 4％、25％ 和 20％ 的选留率留取体高/体长在 0.373～0.431、符合彭泽鲫形态指标要求的个体，每代的总体选留率控制在 0.2％。至 2019 年选留出 F_6。其间，每代选留 2 000 尾

（雌：雄＝7：3）作为后备亲本。

（2）父本选育过程　从 2009 年开始，每 2 年一代，共进行连续 5 代的繁殖和选育。在夏花、秋片和繁殖期进行三次筛选，每代总体选留率控制在 0.4%。至 2018 年选留出 F_5。其间，每代选留 800 尾（雌：雄＝3：5）作为后备亲本。

（三）品种特性和中试情况

1. 品种特性

在相同养殖条件下，与彭泽鲫和白金丰产鲫相比，12 月龄穗丰鲫体重分别提高 30.8% 和 11.2%。

2. 中试情况

2020 年 4 月至 2022 年 4 月，在广东省广州市、佛山市、中山市，江西省九江市，四川省眉山市和广西壮族自治区钦州市等地，进行连续 2 年的生产性对比试验，试验面积合计 2 140 亩。试验结果表明：①在广东省内，相同的养殖条件下，穗丰鲫的养殖产量在 1 100～1 224 千克/亩，成活率在 85.3%～91.4%；白金丰产鲫的养殖产量在 979～1 100 千克/亩，成活率在 81.2%～85.8%。养殖穗丰鲫比养殖白金丰产鲫平均亩产提高 11.2%～14.8%。②在广东省外，相同的养殖条件下，穗丰鲫的养殖产量在 802～948 千克/亩，成活率在 80%～85%；彭泽鲫的养殖产量在 613～709 千克/亩，成活率在 75%～83%。养殖穗丰鲫比养殖彭泽鲫平均亩产提高 30.8%～33.7%。

二、人工繁殖技术

（一）亲本选择与培育

1. 亲本选择

母本来源于经连续 6 代选育的彭泽鲫 HL 系群体，需符合穗丰鲫的母本种质标准。父本来源于经连续 5 代选育的尖鳍鲤养殖群体，需符合穗丰鲫的父本种质标准。

2. 亲本培育

（1）培育环境　母本彭泽鲫 HL 系于每年 10 月下旬至 12 月中旬下塘集中培育。在亲鱼群体中挑选体型适中、体表无伤有光泽、健康活泼、体重在 0.5 千克以上的个体，每亩放养 800～1 000 尾，另放 50 尾左右的鲢。亲鱼培育塘 5～8 亩。

父本尖鳍鲤与母本同时开始培育。选择个体大、体重在 0.5 千克以上的雄性尖鳍鲤，于 1～2 亩的鱼塘中集中培育，每亩放养 300～400 尾。

（2）饲养管理 母本彭泽鲫 HL 系每天投喂鲫专用配合饲料 2 次，日投喂量占鱼体重的 7%～8%，整个培育过程要注意水质的变化，培养后期尽量不要冲水，以免造成流产而无法控制。

父本尖鳍鲤每天投喂专用配合饲料，日投喂量占鱼体重的 5% 左右。

（二）人工繁殖

按上述方法培育的亲鱼，一般在元旦前后即可进行人工催产。元旦前后要密切注意天气和水温变化情况。当水温达到 16 ℃以上，并且能维持 48 小时以上时，就可以催产。从池塘培育的母本中挑选体型标准、腹部膨大柔软的个体注射催产激素。一般采用 HCG（人绒毛膜促性腺激素）催产效果较好，注射剂量 800～1 000 微克/千克。根据亲鱼成熟情况，可以一针注射，也可以分两针注射。两针注射时第一针不用 HCG，而是用 LRH－A（促黄体素释放激素类似物）0.2～0.3 微克/千克，第二针再注射 HCG。效应时间与温度呈负相关：一般 16～18 ℃，效应时间为 15～18 小时；18～20 ℃时，效应时间为 12～14 小时；20～23 ℃时，效应时间为 10 小时。雄鱼根据性腺发育情况，可以不注射或一次注射 LRH－A 0.5～0.6 微克/千克。注射后雌雄鱼分开培育，检查到雌鱼可顺利挤出卵子时立即进行人工授精，采用干法授精效果较好，操作也比较方便。受精卵黏于水仙花、棕榈皮或窗纱等制成的鱼巢上，在水泥孵化池中静水或微流水孵化。受精卵在 19～20 ℃需 5～6 天孵化出膜，21～23 ℃需 4～5 天孵化出膜，24～28 ℃需 2～4 天孵化出膜。孵化用水须经过严格的沉淀过滤和曝气处理，防止大型浮游生物和其他敌害进入。孵化早期可用 4%食盐加 4%小苏打溶液浸泡 1～3 分钟，防止鱼卵发生水霉病。静水孵化应充分曝气增氧，流水孵化水流速度以卵在孵化桶或环道内滚动为宜。

（三）苗种培育

1. 鱼苗培育

鱼苗池面积为 8～10 米²，水深 0.6～0.8 米。鱼苗在不同的生长阶段，放苗密度不同。3～7 日龄的鱼苗在水泥池中的放养密度为 20 万～25 万尾/米²；在孵化桶或环道内的放养密度为 100 万尾/米²。池塘放养 7 日龄的鱼苗，放养密度为 10 万～15 万尾/亩。3～7 日龄的鱼苗投喂用绢网过滤的煮熟的鸡蛋黄，第一天投喂量为每 10 万尾 1 个，以后每天增加半个。池塘养殖主要投喂黄豆浆或鲫类专用破碎料，投喂量根据气候、水温而定，一般日投喂鲫类专用破碎料的量为鱼体重的 1%～3%，或每亩投喂 1 500～2 500 克黄豆打成的浆。每天除测定水温、溶解氧等必要环境因子外，需特别注意水质变化，调节水质并做好记录。

2. 鱼种培育

鱼种池面积为 3～5 亩，水深 1～1.5 米。放养规格为 2.5～3 厘米的鱼苗，放养密度为 1 万～2 万尾/亩，水温 20～26 ℃，培育 30 天以上可达 6～8 厘米。应定时、定位、定质、定量投喂，保证供给足够的饲料。主要投喂黄豆浆或鲫类专用破碎料，投喂量根据气候、水温而定，一般日投喂鲫类专用破碎料的量为鱼体重的 1％～3％，或投喂黄豆浆 3 000～4 000 克/亩。专人管理，每天早晚巡塘，观察鱼种是否浮头，发现浮头及时增氧，每 10 天左右换一次水。加强观察，做好水质、水温、投料、换水及鱼种状态的检查和记录。

三、健康养殖技术

（一）健康养殖（生态养殖）模式和配套技术

1. 池塘主养模式

鱼塘面积 6～30 亩，2 月放 8～10 厘米穗丰鲫苗，放养密度 2 000～5 000 尾/亩，搭配鳙 50～80 尾/亩、鲢 20 尾/亩、草鱼 10～20 尾/亩，投喂鲤科鱼配合饲料（蛋白含量 33％～36％）。此模式应该注意疏鱼，如密度较高，第一网鱼在 300 克以上即可卖出。

2. 池塘混养模式

（1）主养四大家鱼及罗非鱼，配养穗丰鲫模式　鱼塘面积 8～50 亩，2 月放 8 朝（3 厘米）穗丰鲫苗 300～500 尾/亩，分批卖鱼。

（2）主养特种鱼（非肉食性鱼类，如黄颡鱼等），配养穗丰鲫模式　鱼塘面积 3～15 亩，穗丰鲫苗随特种鱼可先可后放入 8～10 朝苗（3～5 厘米），密度 300～1 500 尾/亩，随主养鱼同期上市或留下来隔年上市。

（3）主养特种鱼（肉食性鱼类，如生鱼、加州鲈等），配养穗丰鲫模式　鱼塘面积 3～15 亩，穗丰鲫苗密度 300～1 500 尾/亩。如放 8～10 朝苗，须在生鱼苗或加州鲈苗前先下塘；如先放生鱼苗或加州鲈苗，须放较大规格穗丰鲫苗（6～100 尾/千克）。

（4）和虾混养　搭配南美白对虾或罗氏沼虾，放 8 朝苗，密度 300～1 500 尾/亩，达到规格则与虾同期上市，不够规格则再混养一批虾上市。

（二）主要病害防治方法

1. 孢子虫病

【病因及症状】病原为黏孢子虫纲寄生虫，引起穗丰鲫患病的种类主要包括碘泡虫属、单极虫属和尾胞虫属的寄生虫，如武汉单极虫、洪湖碘泡虫、吴李碘泡虫、异型碘泡虫、丑陋圆形碘泡虫以及鲫碘泡虫等。虫体主要寄生在鱼的咽部、鳃部、鳞囊、肝脏、鳍条、吻部、肠道、肌肉等部位。感染初期鳃上有白色包囊，咽喉无任何症状；感染中期，寄生的鳃部伴有黏液增多、鳃丝腐烂肿胀，病鱼常伴有在下风处非缺氧性集群浮头现象，出现少量死亡；感染后期，病鱼咽喉肿胀或溃烂，有大量孢子虫包囊，死亡量急剧增加。

【流行季节】4—10 月为流行季节，初夏秋末为流行高峰。

【防治方法】鲜活饵料彻底漂洗消毒，生石灰清塘，晶体敌百虫等药物泼洒可防治该病；也可用盐酸左旋咪唑、百部贯众散或地克珠利预混剂等药物拌饲投喂。

2. 赤皮病

【病因及症状】病原为荧光极毛杆菌（荧光假单胞菌）。病鱼体表局部或大部分出血发炎，鳞片脱落，尤以鱼体两侧及腹部最为明显。背鳍或所有鳍的基部充血，鳍条末端腐烂，鳍条间组织破坏，呈破烂的纸扇状。

【流行季节】一年四季都有（以 5—9 月为甚）。

【防治方法】在疾病流行季节，用漂白粉或 30% 三氯异氰脲酸粉或聚维酮碘溶液（含有效碘 1%）全池泼洒可预防该病。治疗可用盐酸多西环素粉拌饲投喂。

3. 细菌性烂鳃病

【病因及症状】病原为柱状黄杆菌。病鱼体色发黑，游动缓慢。鳃黏液增多，鳃盖糜烂成透明小窗。

【流行季节】流行季节为 4—10 月，尤以夏季为盛，流行水温 15～30 ℃。

【防治方法】在发病季节，保持水质稳定，减少应激，每 15 天全池遍洒生石灰或三氯异氰脲酸粉或溴氯海因粉等可预防该病发生。治疗可用氟苯尼考粉、甲砜霉素粉或磺胺二甲嘧啶粉拌饲投喂。

四、育种和苗种供应单位

（一）育种单位

1. 广州市建波鱼苗场有限公司

地址和邮编：广东省广州市南沙区东涌镇鱼窝头村沙城街 63 号，511475

联系人：何建波

电话：13602286947

2. 华南师范大学

地址和邮编：广东省广州市中山大道西 55 号，510631

联系人：赵俊

电话：020 - 85211372

3. 广州市南沙区农业农村服务中心

地址和邮编：广东省广州市南沙区凤凰大道 1 号 D 栋三楼南沙区农业农村局办公室，511455

联系人：伍洁丽

电话：15815839815

（二）苗种供应单位

广州市建波鱼苗场有限公司

地址和邮编：广东省广州市南沙区东涌镇鱼窝头村沙城街 63 号，511475

联系人：何建波

电话：13602286947

五、编写人员名单

李潮、何建波、何锐聪、赵俊、伍洁丽等

长吻鮠"川江1号"

一、品种概况

(一) 培育背景

长吻鮠（*Leiocassis longirostris*）俗称鮰鱼、江团、肥沱，属鲶形目、鲿科，是我国长江水系中的名贵经济鱼类之一，主要分布于长江干支流和主要的通江湖泊。长吻鮠因其肉质细嫩、味道鲜美等特点而深受消费者喜爱。近年来，过度捕捞、水污染及大型水利工程的修建等原因，导致野生长吻鮠资源量越来越少，为人工养殖提供了更大的市场前景。

长吻鮠自20世纪80年代人工养殖成功以来，已经在四川、重庆、广东、湖北和浙江等省份广泛开展人工养殖。2021年长吻鮠全国养殖产量达22 236吨，其中四川省养殖产量达11 153吨，占全国养殖产量的50.16%。此外，四川省也是长吻鮠主要的苗种供应地。由于许多长吻鮠人工养殖亲鱼种质混杂，多代养殖、近亲繁殖的情况严重，以至于养殖群体的种质退化，导致子代品质下降，经济价值下跌，很大程度上制约了长吻鮠产业的发展。因此，长吻鮠的种质保护、遗传改良、良种选育等工作成为研究发展的重要方向。

四川省拥有丰富的长吻鮠资源，为长吻鮠的良种选育提供了良好的基础。培育具有明显生长优势的长吻鮠新品种有利于缩短长吻鮠上市周期，提高单位面积长吻鮠养殖产量，增加养殖生产者收益，有利于促进长吻鮠产业的健康可持续发展。

(二) 育种过程

1. 亲本来源
亲本来源于1995—1998年从长江宜宾至泸州江段陆续采捕的野生长吻鮠6 150尾。

2. 技术路线
长吻鮠"川江1号"培育技术路线见图1。

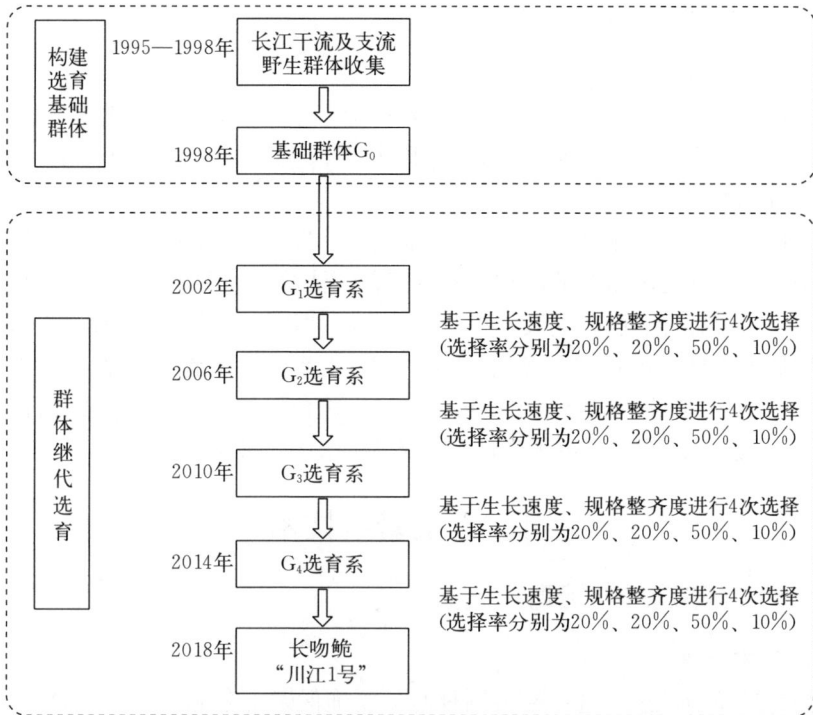

图1 长吻鮠"川江1号"培育技术路线

3. 培（选）育过程

1995—1998 年从长江宜宾至泸州江段陆续采捕野生长吻鮠 6 150 尾，养殖过程中发现相同规格的长吻鮠在相同条件下养殖一段时间后个体间体重存在较大差异。1998 年 4 月，从野生长吻鮠群体中挑选具有明显生长优势的个体 1 200 尾（雌雄比例 3∶1），繁殖建立选育基础群体。2002 年 4 月，从选育基础群体中挑选具有明显生长优势且性腺发育良好的个体 1 200 尾（雌雄比 3∶1），雌鱼个体大于 2 千克，雄鱼个体大于 2.5 千克，繁殖获得 G_1。采用群体选育技术对选育系进行 4 次选择，第一次在夏花阶段，挑选具有显著生长优势、规格整齐的个体，选择率为 20%；第二次秋片鱼种阶段，挑选具有显著生长优势、规格整齐的个体，选择率 20%；第三次为 2 龄鱼越冬前，挑选体重大、体型好、规格整齐的个体，选择率为 50%；第四次为 4 龄鱼越冬后亲本挑选阶段，挑选体重大、体型好、规格整齐的个体作为繁殖用的亲本，雌雄比 3∶1，选择率为 10%。4 次选择总选择率为 0.2%。按照相同的方法在 2006 年、2010 年和 2014 年分别获得 G_2、G_3 和 G_4 选育系，2018 年繁殖获得 G_5，各项指标均稳定，即长吻鮠"川江1号"。

（三）品种特性和中试情况

1. 品种特性

在相同养殖条件下，长吻鮠"川江 1 号"与未经选育的长吻鮠相比，18 月龄体重提高 25.84%，体重变异系数降低 35.17%。

2. 中试情况

2018—2021 年，在四川省成都市和眉山市进行养殖小试，并在四川养殖区 2 个试验点（眉山市东坡区和青神县高台镇池塘）和重庆养殖区 2 个试验点（合川区和荣昌区池塘），连续 4 年开展长吻鮠"川江 1 号"与未经选育群体完整周期的生产性对比试验，累计试验面积 3 118 亩。试验结果表明，长吻鮠"川江 1 号"生长性状能够稳定遗传，与未经选育的长吻鮠相比，18 月龄体重提高 25.84%，体重变异系数降低 35.17%，增产效果明显。

二、人工繁殖技术

（一）亲本选择与培育

1. 亲本选择

繁育单位引进亲本进行配组制种时，要确保亲本来源明确。在繁殖季节，挑选体质健壮、活力强、具有明显生长优势的性成熟个体作为繁殖亲本。

2. 亲本培育

（1）培育环境　环境条件应符合长吻鮠亲本培育的要求。

（2）饲养管理　饲养管理按 Q/SCSCS0002—2022 执行。

（二）人工繁殖

1. 催产

（1）催产期　4 月中旬至 5 月中旬，气温稳定，水温达到 22 ℃以上可以催产。

（2）雌雄鉴别与配组　生殖季节成熟雌亲鱼腹部明显膨大、柔软，生殖孔宽而圆，色泽红润；成熟雄鱼生殖突尖而长，末端微红。雌雄配比以（3～8）：1 为宜。

（3）催产池　催产池一般以面积为 10～30 米² 的池塘为宜，催产前应对催产池进行清洗和消毒。

（4）催产剂及用量　常用催产剂有鱼用促黄体素释放激素类似物（LRH-A）、马来酸地欧酮（DOM）和绒毛膜促性腺激素（HCG），催产剂以 2～3 种混合使用效果为佳，也可单独使用。催产剂用量：雌亲鱼遵照使用说明书，雄亲鱼减半。

（5）注射方法　常采用两针注射法，第一针注射总剂量的10％～20％，第二针注射余量，针距10～12小时为宜，注射方法为针头呈45°倾斜向胸鳍基部注射。

（6）效应时间　在水温24～25℃、流水刺激条件下，效应时间通常为15～24小时。注射第二针催产剂13～15小时后，需每隔2～4小时检查亲鱼发情情况。

2. 人工授精

取性腺发育成熟的雄鱼的精巢，去除表面杂质和血液，将精巢剪碎过滤，获得的精液置于冰盒中备用。将性腺发育成熟的雌鱼呈头高尾低固定好，从上往下轻压腹部使卵粒从生殖孔流出。卵粒挤出后需立即加入精液，待卵粒和精液充分混合后加入适量的生理盐水，快速搅拌使卵粒完成授精，并迅速将受精卵均匀地黏附在网布上放入孵化池或孵化槽进行孵化，或将受精卵经脱黏处理后放入孵化器孵化。

3. 产后亲鱼护理

产后亲鱼应放入专用培育池中加强培育，应对受伤的亲鱼进行治疗。

4. 孵化

（1）孵化方式　一般采用微流水孵化，孵化过程中应确保溶解氧充足。

（2）孵化密度　孵化密度以$3×10^4$～$5×10^4$粒/米^{3}为宜。

（3）孵化用水　孵化用水通常需经60目以上网具过滤，严防敌害进入，孵化水质应符合GB 11607的规定，溶解氧在6毫克/升以上，孵化水温17～28℃，以22～25℃为宜。

（4）出膜时间　出膜时间随孵化水温变化而不同，22～25℃条件下出膜时间为50～80小时。

5. 孵化管理

注意孵化设备运行情况和孵化用水水质、水流情况，保持水质清新，孵化过程中及时挑除死卵和坏卵，同时要防止敌害生物进入。

6. 出苗

鱼苗出膜3～5天后卵黄囊基本消失，处于水平游动，此时应转入苗种培育。

（三）苗种培育

1. 培育池准备

放养前7～15天按SC/T 1008的规定对培育池进行消毒，培育池应具微流水，进排水口用80目的网布过滤和拦鱼。

2. 培育密度

放养密度应根据实际培育条件而定，通常每亩池塘可放养全长 5 厘米以下鱼苗 10 万～15 万尾，全长 5～10 厘米鱼种 8 万～10 万尾，全长 10 厘米以上鱼种不超过 2 万尾。

3. 饵料投喂

（1）饵料类型　培育初期饵料以配合饲料粉料为主，辅以摇蚊幼虫、轮虫、枝角类、桡足类等鲜活饵料。鱼种达到 5 厘米以上时，改投长吻鮠专用颗粒配合饲料。配合饲料符合 GB 13078 和 SC/T 1072 的规定，粗蛋白含量 42% 以上。

（2）投喂方法　鱼苗培育阶段饵料投喂应遵循少量多次原则，日投喂量以体重的 0.1%～0.3% 为宜。鱼种阶段应定时定点投喂，每天早晨和傍晚各投喂 1 次，日投喂量以体重的 0.3%～0.5% 为宜。具体投喂量应根据水温、天气和采食情况进行调整。

4. 培育管理

做好日常巡查记录，防止敌害生物进入。监测水质、水流情况，保持水质清新。定期加注新水，通常 5～7 天加注新水一次，每次注水量视水质情况而定。

三、健康养殖技术

（一）健康养殖（生态养殖）模式和配套技术

1. 环境条件

环境条件应符合长吻鮠人工养殖的要求。

2. 水源水质

要求水源方便、水量充足，水质符合 GB 11607 的规定。

3. 池塘条件

成鱼养殖池塘面积以 2 000～15 000 米² 为宜，池底淤泥厚度不超过 20 厘米。

4. 放养前准备

放养前 7～15 天使用消毒剂对池塘进行消毒。

5. 放养密度

每亩放养 50～150 克的长吻鮠 2 000～3 000 尾，可套养少量鲢或胭脂鱼。

6. 饵料投喂

通常每天早上和傍晚各投喂 1 次，日投喂量占长吻鮠总重量的 0.5%～1.5%，并根据水温、天气和采食情况进行调整。配合饲料应符合 GB 13078

和 SC/T 1072 的规定。

7. 日常管理

注意天气变化，观察采食和活动情况，巡查养殖设备运行情况，监测水质，做好日常巡查记录，防止敌害生物进入。

8. 捕捞

宜选择晴天的黎明或上午水温较低、溶解氧较高时进行捕捞，捕捞操作要轻柔、快速，避免鱼体受伤。

9. 运输

运输中应控制好密度，防止个体间相互刺伤，运输水温与养殖水环境温差以小于 3 ℃为宜。

10. 病害防治

保持良好养殖环境条件，池塘和渔具严格消毒。细致操作，避免创伤。渔药使用符合《水产养殖用药明白纸 2022 年 1、2 号》的要求。

11. 养殖尾水排放

养殖尾水可通过物理材料过滤和吸附、池塘底排污、人工湿地净化、生物净化等方式处理后再次循环利用，或经处理后达标排放，养殖尾水排放需符合国家相关要求。

（二）主要病害防治方法

1. 小瓜虫病

【病因及症状】小瓜虫寄生导致该疾病，常见病原为多子小瓜虫。病鱼体表和鳃瓣上布满白色点状虫体和包囊，肉眼可见，严重时表皮发炎、坏死，鳍条裂开、腐烂；鳃部寄生多子小瓜虫时，鳃丝发炎、变形或局部坏死，黏液大量分泌，呼吸受阻导致病鱼窒息死亡。病鱼反应迟钝，漫游于水面，摄食量减少，不时在其他物体上摩擦，不久即成群死亡。

【流行季节】从鱼苗到成鱼都有寄生，高密度养殖的长吻鮠苗种对小瓜虫病最为易感。流行水温 15～25 ℃，水温低于 10 ℃或高于 26 ℃时，发病率较低，水温高于 28 ℃时，虫体死亡。

【防治方法】确保苗种来源于合法的苗种生产经营单位，体质健壮、规格整齐，经检疫合格。苗种放养前，需彻底清塘，养殖用水应先进行过滤沉淀，水质符合 GB 11607 要求。养殖过程中，管控好水质和底质，加强营养和饲养管理，提高鱼体抗病力和免疫力。鱼体患病时可提升水温至 28 ℃以上，使虫体自动脱落死亡；或用敌百虫溶液（水产用）、溴氰菊酯溶液（水产用）进行全池泼洒。

2. 水霉病

【病因及症状】该病主要由鱼体受伤、水温剧烈变化等条件下水霉和绵霉等感染鱼体所致。发病早期，无明显症状。发病后期，可见感染部位形成灰白色棉絮状覆盖物，病鱼常焦躁不安，摩擦身体，游动迟缓，食欲减退，最后瘦弱而死。

【流行季节】全年均可发生，流行水温为 13～18 ℃，水质较清的水体易流行。

【防治方法】确保苗种来源于合法的苗种生产经营单位，体质健壮、规格整齐，经检疫合格。拉网运输和放养鱼种时，合理控制运输和放养密度，操作细致，尽量避免鱼体受伤。发病后，可暂时停止喂食，病鱼可用复合碘溶液（水产用）、聚维酮碘溶液（水产用）浸泡。

四、育种和苗种供应单位

（一）育种单位

1. 四川省农业科学院水产研究所
地址和邮编：四川省成都市高新区西部园区西源大道 1611 号，611731
联系人：周剑
电话：028 - 87955508

2. 中国水产科学研究院淡水渔业研究中心
地址和邮编：江苏省无锡市滨湖区山水东路 9 号，214081
联系人：董在杰
电话：0510 - 85551424

3. 四川省珍稀特有鱼类保护与利用中心
地址和邮编：四川省崇州市隆兴镇文锦社区十一组 50 号，611247
联系人：魏震
电话：028 - 82264769

4. 西南大学
地址和邮编：重庆市北碚区天生路 2 号，400715
联系人：叶华
电话：023 - 68252510

5. 中国科学院水生生物研究所
地址和邮编：湖北省武汉市武昌区东湖南路 7 号，430072
联系人：王忠卫
电话：027 - 68780839

（二）苗种供应单位

1. 四川省农业科学院水产研究所

地址和邮编：四川省成都市高新区西部园区西源大道 1611 号，611731

联系人：周剑

电话：028 - 87955508

2. 四川省珍稀特有鱼类保护与利用中心

地址和邮编：四川省崇州市隆兴镇文锦社区十一组 50 号，611247

联系人：魏震

电话：028 - 82264769

五、编写人员名单

周剑、董在杰、叶华、魏震、王忠卫、杜军、徐钢春、张露、罗辉、朱文彬、林珏、聂志娟、李强、陈晓晶、柯红雨等

鲤"龙科12号"

一、品种概况

(一)培育背景

鲤(*Cyprinus carpio*)为世界范围内广泛养殖的种类,年养殖产量已达400万吨以上,我国产量约占世界总产量的70%。利用鲤丰富的种质资源,我国从20世纪50年代至今,先后选育出30余个鲤新品种,这些新品种的成功培育和推广应用,对提高我国水产新品种普及率、促进我国水产养殖业的快速发展作出了巨大的贡献。然而,这些鲤新品种绝大部分都以生长性状作为主要选择目标,以满足特定时期我国对水产品产量的巨大需求。一方面,随着我国鲤养殖业的迅猛发展及新品种覆盖率的增加,鲤产量已基本满足了市场需求。另一方面,随着人民生活水平的提高,消费者对优质水产品的需求日益增加,消费需求发生了由量到质的较大转变。学者们的研究结果表明,鱼类肌内脂肪含量对口感、口味和嫩度起着重要作用;同时,与人们广泛关注的不饱和脂肪酸也有较大关联。基于上述背景,研究团队从20世纪80年代开始开展鲤肌肉品质选育工作,发现从云南省引进的大头鲤肉质鲜美,肌内脂肪含量明显高于其他鲤品种,但抗逆能力差,特别是耐低温能力很差,无法在北方自然越冬,因此将其与抗逆性强的黑龙江鲤杂交构建选育基础群,对后代进行继代选育,旨在提高鲤肌内脂肪含量,提升鲤的肌肉品质,使广大人民群众能吃到口味更加鲜美、更有利于健康的水产品,并有助于促进鲤养殖业的健康和可持续发展。

(二)育种过程

1. 亲本来源

原始亲本来源于1983年采自云南省晋宁水库的大头鲤野生群体和1978年采自嫩江泰来段的鲤黑龙江野生群体各200尾,通过杂交-自交-回交构建选育基础群体。亲本一:大头鲤野生群体,栖息于水体的中上层,主要摄食浮游生物,肌内脂肪含量高,肉嫩味美;体延长、侧扁,头大且宽,尾柄长而低;对恶劣环境的适应能力弱，低温、水浑浊或离开水面皆易死亡。亲本二：鲤黑龙江野生群体，食性杂，在水体下层活动，体纺锤形，头后背部隆起，头较小；抗寒抗逆性强，能在冰下 1～4 ℃的水体中安全度过 140～150 天冰封期。

2. 技术路线

鲤"龙科12号"培育技术路线见图1。

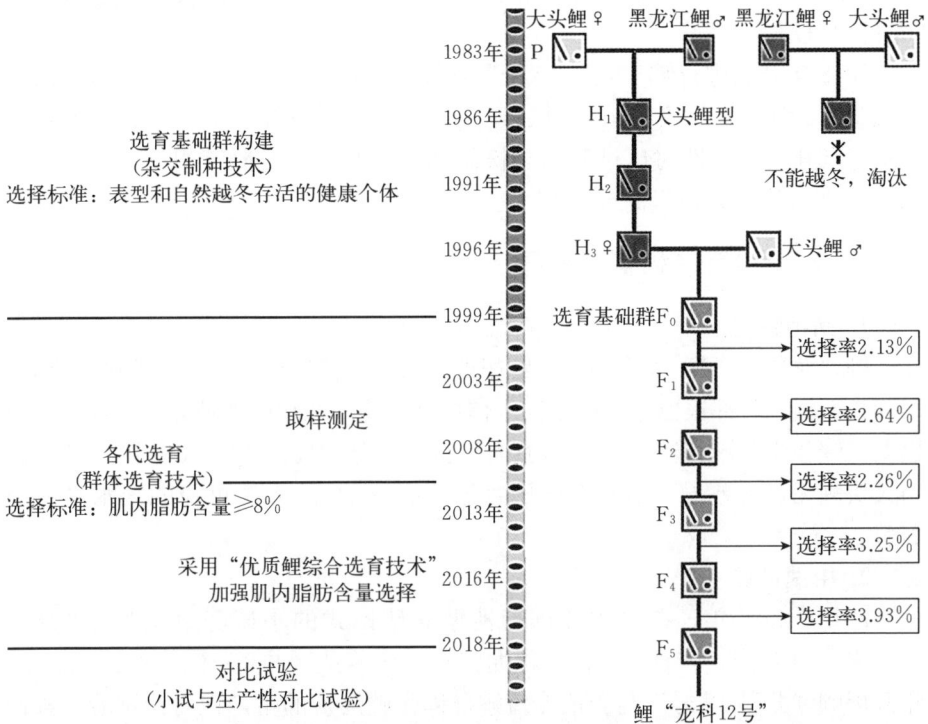

图 1　鲤"龙科12号"培育技术路线

3. 培（选）育过程

1983 年，将大头鲤野生群体（♀）和鲤黑龙江野生群体（♂）杂交，筛选自然越冬存活的大规格大头鲤型个体留种，连续 3 代继代选育获得 H_3，越冬成活率从 15％提高到 60％以上，为进一步加强肌肉品质性状，用 H_3（♀）与大头鲤（♂）回交，子代按选育目标选留 520 尾作为鲤"龙科12号"的选育基础群。

1999—2018 年，连续进行 5 代群体选育。以肌内脂肪含量高于 8％（鱼类脂肪测量仪测定值）、大头鲤型、经 150 余天室外冰下水体（水温 1～4 ℃）越冬存活的大规格个体为选择标准，总选择率小于 4％，每代留种 500 尾以上。各代选育进展如下：1999 年 F_1，肌内脂肪含量较黑龙江鲤提高 92.52％、较

F_0 提高 14.66%；2003 年 F_2，肌内脂肪含量较黑龙江鲤提高 98.83%、较 F_1 提高 10.36%、较 F_0 提高 26.53%；2008 年 F_3，肌内脂肪含量较黑龙江鲤提高 108.22%、较 F_2 提高 7.77%、较 F_0 提高 36.36%；2013 年 F_4，肌内脂肪含量较黑龙江鲤提高 130.70%、较 F_3 提高 11.43%、较 F_0 提高 51.95%；2016 年 F_5，肌内脂肪含量较黑龙江鲤提高 131.92%、较 F_4 提高 0.24%、较 F_0 提高 52.32%。肌内脂肪含量性状已稳定。2018 年 F_5 性成熟，定名为鲤"龙科 12 号"。

2018 年开始进行鲤"龙科 12 号"规模化繁育，2018—2020 年进行小试养殖试验，2018—2021 年，在吉林、辽宁、云南、黑龙江、重庆 5 省（市）15 个示范点开展生产性对比试验。与松荷鲤、易捕鲤等对照鲤相比，鲤"龙科 12 号"肌内脂肪含量提高 50% 以上。

（三）品种特性和中试情况

1. 品种特性

鲤"龙科 12 号"外形与大头鲤相近，头占身体比例大、上颌须极小或无、尾柄长而低、腹部银白色，因不同水体略有变化。在相同池塘养殖条件下，与黑龙江鲤和松荷鲤相比，18 月龄肌内脂肪含量分别提高 137.18% 和 65.59%；与大头鲤无显著差异。适宜在全国水温 20～28 ℃ 的人工可控的淡水水体中养殖。

2. 中试情况

2018—2020 年，在黑龙江进行池塘养殖模式的小试养殖试验，2018—2021 年，在辽宁、吉林、云南、黑龙江和重庆养殖区共 15 个试验点，连续 4 年开展鲤"龙科 12 号"与当地养殖鲤群体完整周期的生产性对比试验，累计试验面积 1 111.6 亩。试验结果表明，鲤"龙科 12 号"肌内脂肪含量达 8.2% 以上，比松荷鲤、易捕鲤等对照鲤高 50% 以上；其间，经食用人员反馈，鲤"龙科 12 号"口感明显好于其他鲤，肉质鲜美、无腥味。生长性能与目前主养品种相近。

二、人工繁殖技术

（一）亲本选择与培育

1. 亲本选择

亲本来源于中国水产科学研究院黑龙江水产研究所，苗种繁育场应从育种单位引进。亲本要求体型纺锤形，接近大头鲤型，上颌须短或无，尾鳍下叶呈淡橘黄色，尾柄长而低，肌内脂肪测定值高于 8.0%（采用鱼类脂肪测量仪测定）。

2. 亲本培育

（1）培育环境　亲鱼应专池培育，面积一般以 5～10 亩为宜，水深 1.5～
2.5 米，要求注排水方便，池底平坦，淤泥厚度在 10～15 厘米，水质较肥，
适当搭配鲢调节水质。

（2）饲养管理　亲鱼的饲养管理以投喂全价配合饲料和调解好水质，使其
发育良好并在下一年度能产出数量多、质量好的卵为准。春季水温上升到
10 ℃以上时即可开始投喂，产前投喂的饲料蛋白含量应在 35％以上，产后培
育的饲料蛋白含量为 28％～35％。投喂量为体重的 2％～3％，并随气候、水
温及鱼的摄食强度情况进行调整。良好的水质环境对亲鱼的发育和产卵都至关
重要，经常补注新水能改善水质，并可满足亲鱼对流水的需求和提高鱼类的摄
食强度。

（二）人工繁殖

鲤"龙科 12 号"的人工繁殖在春季水温上升到 15 ℃以上开始进行，采用
人工催情自然产卵方式。有条件的最好采用工厂化育苗，所用水源能够进行温
度控制，以保证催产率、受精率、孵化率以及鱼苗的成活率。

1. 繁殖亲鱼选择

严格按良种标准逐尾选择。亲鱼要选择体质健壮、体表完整无伤、体型较
好（为纺锤形）且肌肉脂肪测定值高于 8.0％的个体，雌鱼 3～6 龄、体重 1.5
千克/尾以上，雄鱼 2～4 龄、体重 1.0 千克/尾以上。繁殖亲本必须严格选择
成熟度好的亲鱼，即：雌鱼腹部膨大，卵巢轮廓明显，腹部软而富有弹性，泄
殖孔稍凸、微红；雄鱼胸鳍、腹鳍具追星，手感粗糙，轻压腹部泄殖孔有乳白
色精液流出。

2. 人工催产

（1）催产药物和剂量　每千克雌鱼用 LRH－A 3.0～4.5 微克＋HCG 150～
400 国际单位＋DOM 0.8～2.0 毫克（或鲤、鲫脑垂体 4～6 毫克）。雄鱼剂量
减半。

（2）注射方式、部位和时间　雌鱼采用一针或两针注射，一针为注入全部
剂量；两针注射，第一针为全剂量的 1/6，间隔 5～8 小时，第二针将余量注
入鱼体。在胸鳍基部无鳞处将针头与鱼头轴线成 40°～60° 插入 0.3～0.5 厘米
注入催产药物。注射时间依效应时间和使亲鱼在次日 2：00—3：00 产卵进行
倒算。

3. 产卵

亲鱼注射药物后，雌、雄鱼以 1：（1～1.5）的比例放入产卵池，加注新

水，流水刺激，有助亲鱼发情产卵。水温为 16～24 ℃时，效应时间达 8～16 小时即可开始自然产卵。

着卵方式采取鱼巢粘卵或自然产卵后卵粒分离两种方式：①鱼巢粘卵。鱼巢应在亲鱼入池前放入产卵池，放置在离池边 2 米、水面下 15 厘米左右的水层中，以集中连片设置为好；其间经常观察鱼产卵情况，及时将附卵均匀且受精卵不重叠的鱼巢轻轻取出放入孵化池，并更换新的鱼巢。②自然产卵后卵粒分离。将产卵亲鱼配组后放入墙壁和底部光滑的椭圆形亲鱼产卵池，在亲鱼产卵时循环水流使鱼卵分散于水中，经较长时间的搅动鱼卵可自然脱黏，部分成片的卵粒可在水中轻轻搓开，将鱼卵进行过筛分离后转入孵化桶或孵化环道孵化。

4. 鱼苗孵化

受精卵孵化水温以 20～25 ℃为宜。鲤"龙科 12 号"鱼卵孵化方式有两种：①鱼巢静水孵化。16 米^2 孵化池可放鱼巢 10～12 杆，鱼巢杆之间要保持 30 厘米距离，水温 18～23 ℃，经 3～6 天孵化，可获鱼苗 80 万～150 万尾。鱼苗全部孵出后，可将鱼巢取出，并换 1～2 杆/米^2 新鱼巢作鱼苗的附着物。②采用孵化桶或孵化环道进行孵化。孵化桶适用于小批量用鱼苗的孵化（1 000 万粒以内），按 150～200 千克水量放受精卵 20 万～30 万粒；生产性大量用苗采用孵化环道流水孵化，密度 90 万～150 万粒/米^3，水流速为 25.13 米/分钟，其间要经常洗刷过滤设备，不断调节水流，保持卵在水中浮动。鱼苗平游后，要及时投喂熟蛋黄悬液，每天 2～3 次，每 100 万尾鱼苗一次投喂 4 个蛋黄，投喂 1～2 天，鱼苗体壮即可过数下塘进行鱼苗培育。

（三）苗种培育

1. 鱼苗培育

（1）**鱼苗培育池** 要求池底平坦，淤泥厚度适中，为 10～15 厘米，注排水方便，池塘面积在 2～6 亩为宜。鱼苗入池前 5～10 天，需用生石灰或漂白粉进行彻底清塘消毒，并施肥水肽等生物肥 0.6 千克/亩，待池水逐渐变成茶褐色或淡绿色，且小型轮虫数量充足，即可将鱼苗下塘。

（2）**鱼苗放养** 95%以上鱼苗平游开口即可下塘。同一池塘应放养同一批孵化的鱼苗，且需一次性放足。依养殖需求，密度为 50 万～100 万尾/亩，放苗前应注意使鱼苗袋内的水温与池塘水温相差不超过 3 ℃。选择池塘背风处下塘，若遇大风天气，推迟放养或在背风处放置人工鱼巢或草帘等物，一是降低风浪，二可使鱼苗附着避风浪。另外，在鱼苗放养前用鱼苗网拉网检查或彻底清除池中水生昆虫、杂鱼等有害生物。

（3）**饲养管理** 鱼苗下塘 3～5 天后要适时投饵和追肥，每天用黄豆 2～3

千克/亩，浸泡磨浆后全池泼洒，每日分 2 次投喂；同时每隔 1~2 天追肥一次，使池水保持褐绿色或油绿色。10 天后，随鱼体长大，适当调整投喂量或增加投喂微粒饵料。育苗期间坚持每天早、中、晚巡塘观察水色变化及鱼苗活动情况，以决定施肥量和投饵量。要随时清除池边的杂草、杂物及蛙卵等。

（4）出池分塘 北方地区鱼苗经 20~25 天饲养，全长达 1.5~3 厘米即可分池、出售。为提高鱼苗出塘的成活率，要进行鱼体锻炼。

2. 鱼种培育

（1）鱼种培育池 池塘面积宜为 6~15 亩，水深 1.5~3.0 米。放苗前池塘需要平整和消毒，并施肥、注水。乌仔、夏花鱼种需摄食大型浮游动物，因此要肥水下塘。

（2）仔鱼放养 放养尽可能提早，以延长鱼种生长期，依不同地区对苗种规格的需求，放养密度不同，为 0.4 万~1.7 万尾/亩。

（3）饲养管理 投喂含蛋白质 32% 以上的颗粒饲料，饲料的粒径必须随鱼的生长发育逐步调整，做到适口。日投饵量为鱼体重的 5%~12%，但要根据天气、水温和鱼摄食情况灵活调整。每天早晚巡塘，观察水质变化、鱼苗生长情况等，及时调节水质和投喂量，在 7—9 月生长高峰期依水质状况换水 2~15 次，每次 20~30 厘米。采用增氧机进行机械增氧，密度较大的池塘晴天中午使用增氧机。

（4）越冬管理 越冬池需池底平坦，淤泥少，保水性良好，向阳背风，注排水方便，不渗漏，堤坝坚固。面积宜为 6~30 亩，在东北寒冷地区水深需在 2.5~3.5 米。越冬池放养密度为 0.5 千克/米^3，补水方便的越冬池可放 0.75~1 千克/米^3。一般 20~30 天注水一次，并根据水位下降程度、溶解氧量、水质情况等适当调节注水间隔和注水量。定期检查水质、水色、鱼的活动情况，及时清除冰面积雪，使池塘明冰面积达 60%~80%。同时要定期测定分析水中溶解氧量，一般每周检查一次；当溶解氧量下降较快时，应每天检查一次；当溶解氧量降到 4 毫克/升时，应采取增氧措施。

三、健康养殖技术

（一）健康养殖（生态养殖）模式和配套技术

1. 池塘条件

池塘面积 6~30 亩，池塘水深 2~3.5 米。放苗前池塘需平整和消毒。

2. 鱼种放养

放养规格和密度依当地市场所需，包括预期达到的成鱼产量指标、商品鱼规格，以及生产的实际条件而定。一般为 80~300 克/尾，放养密度 500~

1 500 尾/亩。可搭配放养 10％～30％的鲢、鲫等鱼种。要求同塘放养的鱼种体质健壮、规格一致，一次放足，且做好鱼体消毒工作，避免带病入塘。

3. 养殖模式及饲养管理

鲤"龙科 12 号"应以主养为主，避免与其他鲤同塘养殖。投喂全价配合饲料，日投饵量为鱼体重的 3％～5％，可根据水温、天气、水质、鱼的活动（鱼病）情况灵活调节。4—5 月水温较低，应减少投饵量；6—8 月是鱼类摄食旺盛期，生长快，可增加投饵量。在投饵技术上，应实行定质、定点、定时、定量的"四定"原则。疾病防治坚持"预防为主、防治结合"的原则。鱼种放养前使用 20～25 克/升的 NaCl 溶液浸洗鱼体 5～10 分钟。日常管理与鱼种培育阶段相同，经常观察鱼的生长情况，适量加注新水调节水质，每次加注20～30 厘米；还要定期检查鱼体生长情况，判断饲养效果，调节投饵量。如发现鱼病，应及时采取防治措施。

（二）主要病害防治方法

1. 细菌性烂鳃病

【病因及症状】病原体为柱状黄杆菌。发病时鱼体色发黑，鳃丝腐烂，鳃表面有黄色黏液和污物。严重时鳃丝软骨裸露，末端缺损，鳃丝内面的皮肤往往发炎充血，中间部分常被腐蚀成一透明小窗。

【流行季节】北方地区 6—8 月，柱状黄杆菌适宜繁殖水温 20～35 ℃。

【防治方法】①放养时用 2.0％～2.5％的食盐水浸洗鱼体 10～15 分钟；养殖期间每 15 天全池泼洒一次硫酸铜硫酸亚铁粉（水产用）0.7 克/米^3 或聚维酮碘溶液 1 克/米^3。②口服烂鳃灵，每 100 千克干饲料中加 250～500 克，1～2 次/天，连用 3 天。

2. 车轮虫病

【病因及症状】车轮虫寄生在鱼的皮肤和鳃组织吸取营养，刺激组织分泌过多黏液，严重影响呼吸。主要危害稚鱼和鱼种，大量感染时鱼体消瘦、发黑，游泳迟缓至死亡。

【流行季节】5—9 月，车轮虫适宜繁殖水温 18～28 ℃。

【防治方法】①放鱼前用生石灰彻底清塘。②放养时用 2％的食盐水浸洗2～10 分钟进行鱼体消毒；车轮净 0.5 克/米^3 全池泼洒。

3. 锚头鳋病

【病因及症状】锚头鳋头部钻入鱼的肌肉组织，引起慢性增生性炎症，在伤口处出现溃疡。对小鱼危害较大，少量寄生对成鱼伤害较小，大量寄生可使鱼死亡。

【流行季节】锚头鳋在水温 12 ℃以上时都可繁殖，故流行季节较长。

【防治方法】①用生石灰清塘杀死锚头鳋的幼虫。②用 0.3～0.5 克/米^{3}精制敌百虫粉（水产用）全池泼洒，杀死水体中锚头鳋的幼虫。

四、育种和苗种供应单位

（一）育种单位

中国水产科学研究院黑龙江水产研究所

地址和邮编：黑龙江省哈尔滨市道里区松发街 43 号，150070

联系人：李池陶

电话：13684634958

（二）苗种供应单位

中国水产科学研究院黑龙江水产研究所

地址和邮编：黑龙江省哈尔滨市道里区松发街 43 号，150070

联系人：李池陶

电话：13684634958

五、编写人员名单

李池陶、石连玉、贾智英、胡雪松、葛彦龙、姜晓娜、程磊、石潇丹等

红鳍东方鲀"天正1号"

一、品种概况

(一) 培育背景

红鳍东方鲀 (*Takifugu rubripes*),属硬骨鱼纲、鲀形目、鲀科、东方鲀属,俗称河鲀,主要分布于北太平洋西部的日本、朝鲜半岛和中国沿海。我国沿海发现17种东方鲀,其中红鳍东方鲀是个体最大、经济价值较高的种类,肉质细嫩、味道鲜美、营养丰富,素有"鱼类之王"的美称。

红鳍东方鲀为广温、广盐性鱼类,适宜养殖温度15～25 ℃,适宜养殖盐度15～32。20世纪90年代初,红鳍东方鲀人工育苗成功,在中国北方沿海逐渐形成养殖规模,并成为出口创汇的重要种类。高峰期,我国每年红鳍东方鲀养殖产量为万余吨,出口额达8 000万美元以上。目前,我国养殖红鳍东方鲀的省份有河北省、辽宁省、山东省以及天津市等。其中,河北省以池塘养殖＋工厂化越冬为主;辽宁省、山东省以网箱养殖为主。红鳍东方鲀育苗业主要集中在河北省唐山市曹妃甸区,每年培育红鳍东方鲀苗种1 000万尾左右。

20世纪90年代初,红鳍东方鲀养殖出口规格400～500克/尾(18月龄)。90年代末,大连天正水产有限公司和中国水产科学研究院黄海水产研究所合作,开始日本红鳍东方鲀纯种卵的引进、育苗和养成研究,并于2000年起,系统性开展红鳍东方鲀育种工作。目前,红鳍东方鲀"天正1号"新品种18月龄养殖出口规格已经达到1 000克/尾以上,经济效益显著提高。

(二) 育种过程

1. 亲本来源

1997—1998年于辽宁省长海县、河北省唐海县和乐亭县以及山东省荣成市等地,收集红鳍东方鲀野生群体2 500尾,加上大连天正水产有限公司由引进的日本濑户内海红鳍东方鲀受精卵自繁的红鳍东方鲀群体3 000尾,共计组成5 500尾的红鳍东方鲀基础群体;1998—2000年经过人工养殖,构成红鳍东方鲀"天正1号"起始亲本种群,从中挑选规格大、活力好、发育程度一致的红鳍东方鲀作为亲本。

2. 技术路线

红鳍东方鲀"天正1号"培育技术路线见图1。

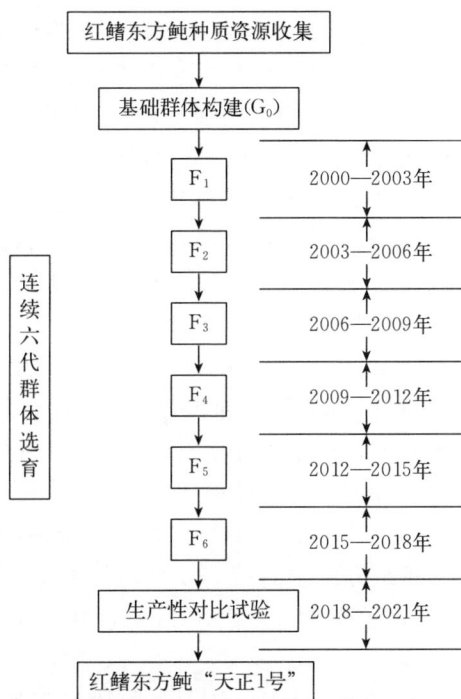

```
          ┌─────────────────────┐
          │  红鳍东方鲀种质资源收集  │
          └─────────────────────┘
                    ↓
          ┌─────────────────────┐
          │   基础群体构建($G_0$)    │
          └─────────────────────┘
                    ↓
                ┌──────┐
                │ $F_1$ │    ↕  2000—2003年
                └──────┘
                    ↓
                ┌──────┐
                │ $F_2$ │    ↕  2003—2006年
                └──────┘
                    ↓
  连             ┌──────┐
  续             │ $F_3$ │    ↕  2006—2009年
  六             └──────┘
  代                ↓
  群             ┌──────┐
  体             │ $F_4$ │    ↕  2009—2012年
  选             └──────┘
  育                ↓
                ┌──────┐
                │ $F_5$ │    ↕  2012—2015年
                └──────┘
                    ↓
                ┌──────┐
                │ $F_6$ │    ↕  2015—2018年
                └──────┘
                    ↓
          ┌─────────────────────┐
          │    生产性对比试验      │   2018—2021年
          └─────────────────────┘
                    ↓
          ┌─────────────────────┐
          │  红鳍东方鲀"天正1号"   │
          └─────────────────────┘
```

图1 红鳍东方鲀"天正1号"培育技术路线

3. 培（选）育过程

（1）第一代选育（F_1）（2000年3月至2003年2月） 2000年3月，从红鳍东方鲀基础群体中，挑选规格大、活力好、发育程度一致的红鳍东方鲀雌、雄各360尾作为亲本，在大连天正水产有限公司进行群体交配，培育出165万尾鱼苗。

第一阶段选择：2000年5月，从培育的165万尾苗种中选择3万尾规格大、活力好、优先达到5～6厘米的苗种放入55亩室外养殖池塘养殖，养殖至2000年10月，共养殖6个月。选择留种率1.82%。

第二阶段选择：2000年10月末，从第一阶段室外养殖鱼中选择规格大、活力好的红鳍东方鲀中间苗9 000尾，随机分成6等份，每份1 500尾，分别转入6个7.8米×7.8米×1.2米室内养殖池进行工厂化接力养殖。养殖至2001年5月初，共养殖6个月。选择留种率39.58%。

第三阶段选择：2001年5月初，从第二阶段6个室内养殖池中，每池选择规格大、活力好的红鳍东方鲀中间苗 300 尾，共 1 800 尾转入 36 亩室外池塘继续进行接力养殖。养殖至 2001 年 10 月末，共养殖 6 个月。选择留种率 25.58%。

第四阶段选择：2001 年 10 月末，从第三阶段的室外池塘中，选择规格大、活力好的红鳍东方鲀商品鱼雌、雄各 600 尾，作为传代选育亲鱼放入 7.8 米×7.8 米×1.2 米室内养殖池进行培育。选择留种率 89.75%。

（2）第二代选育（F_2）（2003 年 3 月至 2006 年 2 月） 2003 年 3 月，从第一代选留亲本中，挑选规格大、活力好、发育程度良好的红鳍东方鲀雌、雄各 340 尾，在大连天正实业有限公司进行群体交配，培育出 172 万尾鱼苗。

第一阶段选择：2003 年 5 月，从培育的 172 万尾苗种中选择 3 万尾规格大、活力好、优先达到 5~6 厘米的苗种放入 55 亩室外养殖池塘养殖，养殖至 2003 年 10 月，共养殖 6 个月。选择留种率 1.74%。

第二阶段选择：2003 年 10 月末，从第一阶段室外养殖鱼中选择规格大、活力好的红鳍东方鲀中间苗 9 000 尾，随机分成 6 等份，每份 1 500 尾，分别转入 6 个 7.8 米×7.8 米×1.2 米室内养殖池进行工厂化接力养殖。养殖至 2004 年 5 月初，共养殖 6 个月。选择留种率 37.83%。

第三阶段选择：2004 年 5 月初，从第二阶段 6 个室内养殖池中，每池选择规格大、活力好的红鳍东方鲀中间苗 300 尾，共 1 800 尾转入 36 亩室外池塘继续进行接力养殖。养殖至 2004 年 10 月末，共养殖 6 个月。选择留种率 24.63%。

第四阶段选择：2004 年 10 月末，从第三阶段的室外池塘中，选择规格大、活力好的红鳍东方鲀商品鱼雌、雄各 600 尾，作为传代选育亲鱼放入 7.8 米×7.8 米×1.2 米室内养殖池进行培育。选择留种率 80.65%。

（3）第三代选育（F_3）（2006 年 3 月至 2009 年 2 月） 2006 年 3 月，从第二代选留亲本中，挑选规格大、活力好、发育程度良好的红鳍东方鲀雌、雄各 325 尾，在大连天正实业有限公司进行群体交配，培育出 175 万尾鱼苗。

第一阶段选择：2006 年 5 月，从培育的 175 万尾苗种中选择 3 万尾规格大、活力好、优先达到 5~6 厘米的苗种放入 55 亩室外养殖池塘养殖，养殖至 2006 年 10 月，共养殖 6 个月。选择留种率 1.71%。

第二阶段选择：2006 年 10 月末，从第一阶段室外养殖鱼中选择规格大、活力好的红鳍东方鲀中间苗 9 000 尾，随机分成 6 等份，每份 1 500 尾，分别转入 6 个室内养殖池进行工厂化接力养殖。养殖至 2007 年 5 月初，共养殖 6 个月。选择留种率 36.23%。

第三阶段选择：2007 年 5 月初，从第二阶段 6 个室内养殖池中，每池选择规格大、活力好的红鳍东方鲀中间苗 300 尾，共 1 800 尾，转入 36 亩室外池塘继续进行接力养殖。养殖至 2007 年 10 月末,共养殖 6 个月。选择留种率 23.47%。

第四阶段选择:2007 年 10 月末,从第三阶段的室外池塘中,选择规格大、活力好的红鳍东方鲀商品鱼雌、雄各 600 尾,作为传代选育亲鱼放入 7.8 米×7.8 米×1.2 米室内养殖池进行培育。选择留种率 75.28%。

(4) 第四代选育(F$_4$)(2009 年 3 月至 2012 年 2 月) 2009 年 3 月,从第三代选留亲本中,挑选规格大、活力好、发育程度良好的红鳍东方鲀雌、雄各 312 尾,进行群体交配,培育出 178 万尾鱼苗。

第一阶段选择:2009 年 5 月,从培育的 178 万尾苗种中选择 3 万尾规格大、活力好、优先达到 5~6 厘米的苗种放入 60 亩室外养殖池塘养殖,养殖至 2009 年 10 月,共养殖 6 个月。选择留种率 1.69%。

第二阶段选择:2009 年 10 月末,从第一阶段室外养殖鱼中选择规格大、活力好的红鳍东方鲀中间苗 9 000 尾,随机分成 6 等份,每份 1 500 尾,分别转入 6 个室内养殖池进行工厂化接力养殖。养殖至 2010 年 5 月初,共养殖 6 个月。选择留种率 34.88%。

第三阶段选择:2010 年 5 月初,从第二阶段 6 个室内养殖池中,每池选择规格大、活力好的红鳍东方鲀中间苗 300 尾,共 1 800 尾,转入 36 亩室外池塘继续进行接力养殖。养殖至 2010 年 10 月末,共养殖 6 个月。选择留种率 22.78%。

第四阶段选择:2010 年 10 月末,从第三阶段的室外池塘中,选择规格大、活力好的红鳍东方鲀商品鱼雌、雄各 600 尾,作为传代选育亲鱼放入室内养殖池进行培育。选择留种率 72.25%。

(5) 第五代选育(F$_5$)(2012 年 3 月至 2015 年 2 月) 2012 年 3 月,从第四代选留亲本中,挑选规格大、活力好、发育程度良好的红鳍东方鲀雌、雄各 310 尾,进行群体交配,培育出 174 万尾鱼苗。

第一阶段选择:2012 年 5 月,从培育的 174 万尾苗种中选择 3 万尾规格大、活力好、优先达到 5~6 厘米的苗种放入 60 亩室外养殖池塘养殖,养殖至 2012 年 10 月,共养殖 6 个月。选择留种率 1.72%。

第二阶段选择:2012 年 10 月末,从第一阶段室外养殖鱼中选择规格大、活力好的红鳍东方鲀中间苗 9 000 尾,随机分成 6 等份,每份 1 500 尾,分别转入 6 个室内养殖池进行工厂化接力养殖。养殖至 2013 年 5 月初,共养殖 6 个月。选择留种率 33.98%。

第三阶段选择:2013 年 5 月初,从第二阶段 6 个室内养殖池中,每池选择规格大、活力好的红鳍东方鲀中间苗 300 尾,共 1 800 尾转入 36 亩室外池塘继续进行接力养殖。养殖至 2013 年 10 月末,共养殖 6 个月。选择留种率 21.37%。

第四阶段选择：2013 年 10 月末，从第三阶段的室外池塘中，选择规格大、活力好的红鳍东方鲀商品鱼雌、雄各 600 尾，作为传代选育亲鱼放入室内养殖池进行培育。选择留种率 72.64%。

（6）第六代选育（F_6）（2015 年 3 月至 2018 年 2 月） 2015 年 3 月，从第五代选留亲本中，挑选规格大、活力好、发育程度良好的红鳍东方鲀雌、雄各 295 尾，进行群体交配，培育出 182 万尾鱼苗。

第一阶段选择：2015 年 5 月，从培育的 182 万尾苗种中选择 3 万尾规格大、活力好、优先达到 5～6 厘米的苗种放入 60 亩室外养殖池塘养殖，养殖至 2015 年 10 月，共养殖 6 个月。选择留种率 1.65%。

第二阶段选择：2015 年 10 月末，从第一阶段室外养殖鱼中选择规格大、活力好的红鳍东方鲀中间苗 9 000 尾，随机分成 6 等份，每份 1 500 尾，分别转入 6 个室内养殖池进行工厂化接力养殖。养殖至 2016 年 5 月初，共养殖 6 个月。选择留种率 32.72%。

第三阶段选择：2016 年 5 月初，从第二阶段 6 个室内养殖池中，每池选择规格大、活力好的红鳍东方鲀中间苗 300 尾，共 1 800 尾转入 36 亩室外池塘继续进行接力养殖。养殖至 2016 年 10 月末，共养殖 6 个月。选择留种率 20.92%。

第四阶段选择：2016 年 10 月末，从第三阶段的室外池塘中，选择规格大、活力好的红鳍东方鲀商品鱼雌、雄各 600 尾，作为红鳍东方鲀"天正 1 号"储备亲鱼放入室内养殖池进行培育。选择留种率 72.42%。

经过连续 6 代群体选育，选育出红鳍东方鲀快速生长新品种"天正 1 号"。

（三）品种特性和中试情况

1. 品种特性

红鳍东方鲀"天正 1 号"，在相同养殖条件下，与未经选育的普通红鳍东方鲀群体相比，22 月龄体重提高 31.68%。适宜在山东、河北、天津、江苏、福建、浙江、辽宁等沿海地区水温 15～25 ℃和盐度 15～32 的人工可控的海水水体中养殖。

2. 中试情况

2018—2021 年，在河北、山东进行池塘＋工厂化＋网箱和池塘＋工厂化＋池塘 2 种模式的养殖小试，并在河北养殖区 2 个试验点（河北唐山曹妃甸池塘＋工厂化和河北唐山滦南池塘＋工厂化）和山东养殖区 2 个试验点（山东烟台海上网箱和山东威海海上网箱），连续 3 年开展红鳍东方鲀"天正 1 号"与未经选育普通养殖群体完整周期的生产性对比试验，累计试验面积 15 000

苗。试验结果表明,"天正1号"生长性状能够稳定遗传,在相同条件下,3月龄苗种养殖 18 个月,与未经选育的红鳍东方鲀相比,体重平均提高 31.89%～47.08%,养殖成活率平均提高 34.84%～56.99%,增产效果明显。

二、人工繁殖技术

(一)亲本选择与培育

1. 亲本选择

选择体质健康、活力好、规格大的亲鱼。

2. 亲本培育

(1)培育环境 11月至翌年 3 月左右为亲鱼培育期,亲鱼按 2～3 尾/米^3 的密度在室内工厂化车间培养,水温由 12 ℃缓慢升温至 17 ℃,光照 500～800 勒克斯。

(2)饲养管理 亲鱼饵料以鲜度好的玉筋鱼、鱿鱼、小杂鱼虾为主,每天投喂 1～2 次,投饵率为 2%～4%;促熟前 1 个月要加强营养,辅以沙蚕以提高亲鱼体质和鱼卵的质量。

(二)人工繁殖

1. 催产

(1)催产时间 亲鱼催产时间在 3—5 月。

(2)催产药物种类及剂量 催产剂为 HCG＋LRH - A$_2$,使用剂量为 HCG 200 国际单位/千克＋LRH - A$_2$ 25 微克/千克。

(3)注射方法及授精时间判断 采用两针注射法,即注射剂量分两针注射(间隔 1～2 天)。根据水温估算效应时间,提前 2 小时观察亲鱼预产先兆(每半小时观察一次),待轻压雌鱼腹部有卵粒流出时,即可进行人工授精。

2. 人工授精

人工授精采用干法授精。取待产亲鱼,吸干亲鱼体表水分,保持鱼头上斜,生殖孔向下,从前向后缓缓挤压腹部,按雌雄比例 1:2,将精、卵顺次挤入消毒、干燥、洁净、光滑的容器内,用手轻微搅动,使精、卵充分混合,静置 2～3 分钟,加入洁净海水,继续搅动 1～2 分钟,倒出浑浊水,重复洗卵 2～3 次,直至水清,即可移入孵化器中孵化。整个过程避免阳光直射。

3. 亲鱼产后护理

产后亲鱼应用聚维酮碘 0.5 毫克/升进行消毒处理,保持水质清新,弱光,保持环境安静。

4. 孵化

（1）孵化工具　使用锥形网箱或孵化桶进行循环水孵化。将 60 目或 80 目筛绢做成的直径 60 厘米、高 60 厘米的圆锥形网箱，吊挂在水泥池内，箱体约 2/3 浸没在水中。或采用容积为 0.5 米³ 的玻璃钢桶，底部呈漏斗状，可连续充气和流水，并配套相应规格的支架。

（2）孵化条件　适宜水温在 16～18 ℃，溶解氧不低于 7 毫克/升，盐度 28～32。

（3）孵化方法　将鱼卵置于网箱中孵化，锥形网箱内自下向上充气，使卵均匀悬浮于网箱中。放卵密度为 $2×10^5$～$3×10^5$ 粒/米³（红鳍东方鲀卵约 60 万粒/千克）。出现霉卵，应及时清除。在适宜水温条件下，6～7 天后可以孵化，将初孵仔鱼分离至培育池中进行培育。

（三）苗种培育

1. 前期培育

培育用水采用沙滤自然海水，培育池面积 20～50 米²，池深 1.0～1.5 米，培育密度 $1×10^4$ 尾/米³。培育期间投喂经强化的褶皱臂尾轮虫。轮虫密度保持在 5～10 个/毫升，当仔鱼摄食后，水体轮虫密度降至 2～3 个/毫升时，再次投喂。投喂轮虫前，应对轮虫用 0.5 毫克/升聚维酮碘溶液浸泡消毒 5 分钟。

2. 后期培育

当鱼苗全长达 5～6 毫米时进入后期培育，可分为工厂化培育和室外池塘培育。

（1）工厂化培育　培育用水最好为沙滤水，培育池面积 20～50 米²，池深 1.5 米，培育密度 1 000～2 500 尾/米³。鱼苗不同生长阶段的饵料种类与投喂量见表 1。每天吸底一次，清除粪便、残饵、死鱼等；每天换水 1～2 次，每次换水量 50%。

表 1　鱼苗不同生长阶段的饵料种类与投喂量

鱼苗规格（毫米）	饵料种类、投喂量
6～8	以褶皱臂尾轮虫为主，并适量增加卤虫幼体
8～10	以鲜活桡足类、卤虫幼体为主，密度保持在 100～300 个/升
10～15	以糠虾为主，适当补充大卤虫，日投喂量按 2～4 千克/万尾计算，日投喂 4～6 次
15～20	以杂虾为主，适当补充大卤虫，日投喂量为鱼体重的 50%～100%，日投喂 6～8 次
20 以上	以冰冻玉筋鱼为主，适当补充大卤虫，日投喂量为鱼体重的 30%～80%，日投喂 6～8 次

（2）室外池塘培育

① 培育条件。培育池应进排水方便，池底平坦，不渗漏。培育池面积 0.2～0.4 公顷，水深 1.0～1.5 米。清塘、晒塘后，用生石灰 2 300 千克/公顷全池泼洒消毒池塘。放苗前 1 周，培育池注水 0.5～0.6 米（注水前耙翻池底），施腐熟发酵并高温消毒的粪肥 350～450 千克/公顷，加施复合肥 150 千克/公顷、磷肥 75 千克/公顷。

② 鱼苗放养。当室外水温超过 15 ℃、水中轮虫数量达 10 个/毫升时，投苗放养。同一池塘放养的鱼苗规格应一致，密度为 $1.5 \times 10^5 \sim 3 \times 10^5$ 尾/公顷。

③ 饵料。通过调节水量和肥水等方法，培养轮虫和枝角类等生物饵料。当鱼苗全长超过 15 毫米时，开始驯食小杂鱼虾等肉糜，经饵料诱集、定点投喂等驯化方法，一般 5～7 天完成驯化。日投喂 6～8 次，投喂量按鱼体总重的 50%～100%计算，以 30 分钟内吃完为宜。

④ 日常管理。每天巡塘，观察水质及鱼的活动情况，及时清除杂草、杂物，检查鱼苗摄食、生长，并做好记录，发现问题及时处理。鱼苗放养 1 周后，每 3～5 天加注新水 1 次，每次注水提高水位 0.1 米左右。定期检测溶解氧、pH、氨氮、亚硝态氮等水质指标，保持各项水质指标符合培育条件。

3. 商品苗出池

鱼苗达到 30～50 毫米，即可出池销售。出池时，用手抄网捞取或小拉网拖取，集中于容器中打样称重计数后运输。

三、健康养殖技术

（一）健康养殖（生态养殖）模式和配套技术

此处以池塘养殖为例进行介绍。

1. 设施要求

具有独立的进、排水设施，配备增氧设备。面积 3～7 公顷。平均水深 1.5 米以上。清塘应于放苗前半个月以上进行，挖去过多的淤泥与有机沉积物，再用生石灰 2 300 千克/公顷，化浆全池泼洒。

2. 环境条件

水温 15～30 ℃；溶解氧≥5 毫克/升；pH 7.8～8.3；盐度 15～32；透明度 0.2～0.3 米；养殖用水经 40 目筛绢过滤（鱼虾混养用 60 目围网）。

3. 鱼苗选择

鱼苗规格为 30～50 毫米，应选择活力好、体型适中、摄食活跃、无病的个体。

4. 养殖密度和投饵

放养密度和投饵次数要求见表 2，饵料为专用颗粒饲料或冰鲜小杂鱼。如果投喂颗粒饲料，投喂量为鱼体重的 2%～3%；如果投喂冰鲜小杂鱼，投喂量为鱼体重的 5%～10%。池塘养殖商品鱼主要投喂鲜饵，投喂量为鱼体重的 2%～5%。

表 2　池塘养殖放养密度和投饵要求

鱼苗规格	小于 250 克	大于 250 克
放养密度（尾/亩）	300～800	50～100
投饵次数（次/天）	2～3	2

5. 日常管理

每日多次巡塘，观察水质及鱼的活动情况，及时清除死鱼、杂草（藻）和脏物，定时、定量、定点投喂；至少每 15 天换水一次，换水量应大于 1/2，换水时应采用先排后进的方法。定期检查鱼苗摄食、生长及病虫害情况，发现问题及时处理，定期检测温度、溶解氧、pH、盐度、透明度等水质指标，并做好记录。

6. 收获

当池塘水温降至 15 ℃时，将鱼苗转移至室内进行越冬养殖，入池前应按大小进行分级。

（二）主要病害防治方法

1. 盾纤毛虫病

【病因及症状】池塘及网箱养殖初期因越冬期携带加之运输受伤偶有发病，水温较低时鱼互相咬伤。患病红鳍东方鲀鱼体被白色毛发状物，病鱼初始游动正常，随着病情发展，变得游动缓慢，摄食欲望降低，严重时病鱼体色变黑，鳍及吻端出现溃疡，发展至后期，吻端至头部、尾柄部呈透明状。

【流行季节】河北、山东、辽宁东港地区在越冬养殖期时有发生。主要发病期为工厂化车间整个越冬期；池塘及网箱养殖初期因越冬期携带加之运输受伤偶有发病，待水温上升会自然好转，危害不大。

【防治方法】

（1）预防方法

① 调节水温。该病主要发生在水温较低季节，使用自然海水越冬的工厂化车间，当自然海水水温降至 7～8 ℃时，有可能会开始出现感染，所以，越冬期水温最好保持在 18 ℃以上。

② 水处理。使用自然海水的越冬车间，最好有沙滤装置；自然海水蓄水池定期消毒处理。

③ 饵料种类及饵料投喂。投喂颗粒饲料效果会较鲜杂鱼好一些，投喂鲜杂鱼时要及时清除残饵，池中鱼类粪便和有机碎屑应做到及时处理。

④ 设置合理的放养密度。越冬期中间苗（100～200 克）密度不要超过 30 尾/米³，商品鱼（350 克以上）密度不超过 15 尾/米³。

⑤ 防机械损伤。越冬期间出池、入池、倒运、倒池过程中尽可能操作精细，使养殖鱼少受机械损伤。

（2）治疗方法

① 隔离。养殖过程中一定要认真观察养殖鱼摄食及游动状态、体表附着物情况，若发现患病鱼，应及时找出患病原因，并筛选出患病鱼进行隔离；患病车间所用工具专池专用，定期消毒。

② 治疗。在患病鱼池用 500 毫克/升双氧水低水位药浴病鱼连续 3 天，每次 1～1.5 小时，然后换水 100%，尽量将药浴脱落虫体排出池外；有条件的提高水温至 22 ℃以上，降低养殖密度；严格投饵，一定不要有残饵。

2. 刺激隐核虫病

【病因及症状】自然海水水质差、养殖用水交换量不够等因素引起发病。病鱼鳃丝及体表被肉眼可见的白点，严重时鱼体全身布满白点，镜检体表黏液及鳃丝可见黑色圆形微透明虫体轻微蠕动。

【流行季节】主要发生在池塘养殖后期的夏秋之交，网箱养殖也有发生。池塘养殖初期发生有可能和车间越冬携带有关；网箱养殖区域，新址一般不会发生，养殖旧址第二、三年有可能发生；另外，在整个越冬期均可能发生该病。

【防治方法】工厂化养殖越冬期间，保持养殖用水池底质良好，养殖用水经过沙滤，鱼入池越冬前提前对鱼体进行处理；饵料用颗粒饵料或不变质新鲜饵料；养殖密度不要过大。网箱养殖区最好倒场使用，保证水流交换好，网箱不要太密集。池塘养殖前最好清塘晾晒。

养殖中认真巡查，若发现该病，及时治疗：工厂化池塘用铜铁合剂（5∶2）1.5 毫克/升泼洒，第二天 100% 换水，打出底水，再用此药量进行泼洒，直至疾病好转，用药期间投饵不要停，以增强鱼抵抗疾病能力，但不要过量投喂。池塘养殖，按池水体积泼洒铜铁合剂（5∶2），鱼虾混养池塘慎用，否则可能对养殖虾造成影响。

3. 细菌性烂鳃病

【病因及症状】池塘和网箱养殖高温期水质不好时，时有发病，病鱼鳃丝糜烂，鳃外缘红肿，鱼体消瘦；严重时，体发黑，不摄食。

【流行季节】池塘和网箱养殖夏季高温期。

【防治方法】可用10％氟苯尼考按饵料量3～5克/千克进行投喂，7天1个疗程，约2个疗程可愈。

四、育种和苗种供应单位

（一）育种单位

1. 唐山牧海水产养殖有限公司

地址和邮编：河北省唐山市曹妃甸区十里海养殖场，063509

联系人：孟雪松

电话：13909841228

2. 中国水产科学研究院黄海水产研究所

地址和邮编：山东省青岛市市南区南京路106号，266071

联系人：马爱军

电话：13061281659

3. 大连海洋大学

地址和邮编：辽宁省大连市沙河口区黑石礁街52号，116023

联系人：王秀利

电话：13050574863

4. 大连天正实业有限公司

地址和邮编：辽宁省大连市西岗区胜利路100号F22－2，116011

联系人：刘圣聪

电话：18940866275

（二）苗种供应单位

1. 唐山牧海水产养殖有限公司

地址和邮编：河北省唐山市曹妃甸区十里海养殖场，063509

联系人：包玉龙

电话：15176509008

五、编写人员名单

包玉龙、王新安、周婧、张涛、刘圣聪、孟雪松、马爱军、王秀利、姜晨、刘志峰、仇雪梅、姜志强、袁旭、张君、孙志宾、王广宇、孙群汶、刘奇、于德强、袁昌敏等

罗氏沼虾 "数丰1号"

一、品种概况

（一）培育背景

罗氏沼虾（*Macrobrachium rosenbergii*）又名马来西亚大虾、淡水长臂虾、大河虾等，隶属于甲壳纲、十足目、长臂虾科、沼虾属，是养殖淡水虾类中个体最大的种类。罗氏沼虾因具有食性广、生长快、肉质鲜美、经济价值高等优点而被广泛养殖。

中国于 1976 年由中国农业科学院自日本引进该虾，但发展一直较为缓慢。直到 20 世纪 90 年代，中国罗氏沼虾养殖因国内对虾养殖业遭受灾害性病害及罗氏沼虾规模化人工育苗技术的突破而获得空前发展。先由广东、广西、海南、福建等南方沿海省份快速发展，而后在江苏、浙江、上海逐渐兴起，并逐步向北方及内陆地区扩展。中国近 10 年年均养殖产量为 13.3 万吨，占全球产量的 50％～60％。2002 年，浙江省淡水水产研究所杨国梁团队开始从缅甸引种，开展杂交选育，经 2 代杂交得到一个优良的杂交群体（"南太湖 1 号"，未经审定），经虾农养殖对比试验，养殖效益明显。之后，该团队于 2006 年引进国际先进的"水生动物多性状复合育种技术"，以生长速度和成活率为选育目标，经过连续 4 代大规模家系选育，到 2009 年底，成功培育出国家水产新品种——罗氏沼虾"南太湖 2 号"。

但在"南太湖 2 号"推广过程中，出现亲本及虾苗数量供应不足、抗逆性能下降等问题，为此，该团队从 2016 年起开始选育"数丰 1 号"新品种。

（二）育种过程

1. 亲本来源

罗氏沼虾"数丰 1 号"亲本来源包括罗氏沼虾"南太湖 2 号"生产群体和引进的泰国正大群体。从"南太湖 2 号"生产群体中挑选 134 尾亲虾作为选育基础群体，其中，雄虾 56 尾、雌虾 78 尾；从嘉兴市秀洲区王江泾丰源水产种苗养殖场引进泰国正大群体 20 尾抱卵雌虾作为选育基础群体。入选个体要求个头大、活力好、外表无伤。

2. 技术路线

罗氏沼虾"数丰1号"培育技术路线见图1。

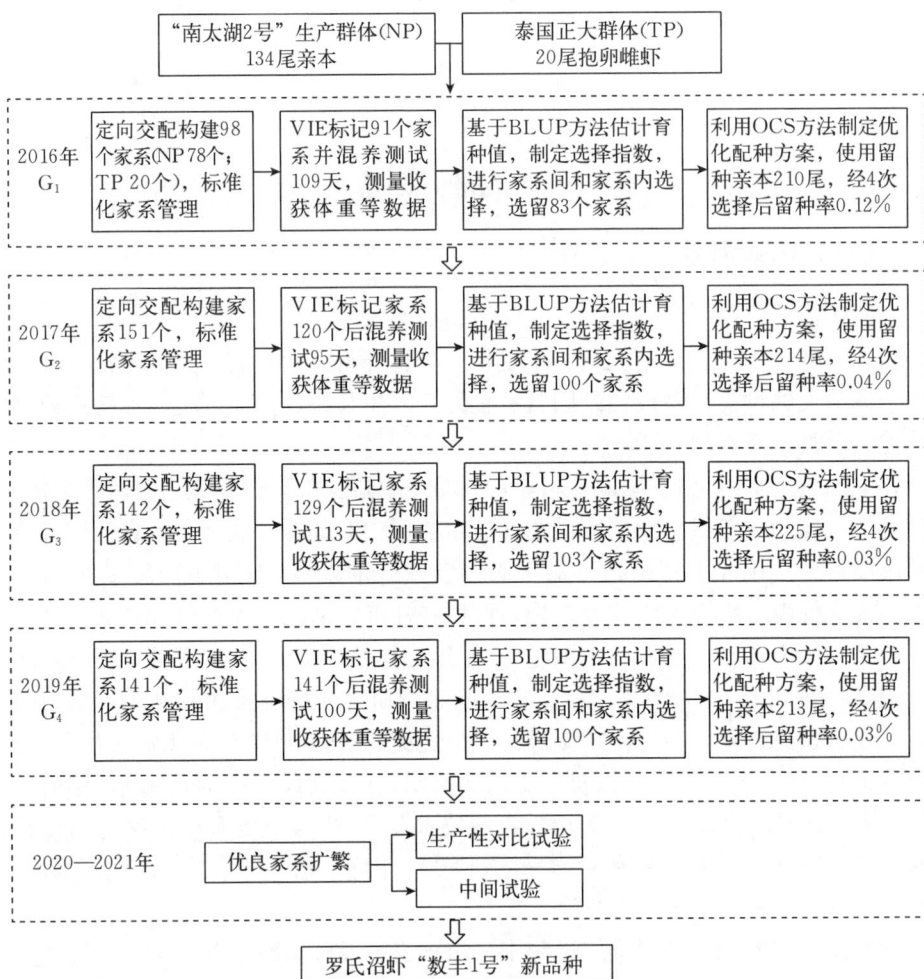

图1 罗氏沼虾"数丰1号"培育技术路线

3. 培（选）育过程

罗氏沼虾"数丰1号"采用规模化家系选育技术路线，以收获体重为育种目标性状，利用最佳线性无偏预测（BLUP）法估计育种目标性状育种值，利用优化贡献选择（OCS）进行配种，经连续4代选育而成。

2016年以"南太湖2号"生产群体和泰国正大群体作为基础群体，成功构建 G_1 家系98个（"南太湖2号"群体78个，泰国群体20个）。每个家系幼体孵出后，计数 2 000 尾活力强个体进行第 1 次选择；当 80％以上幼体变态为仔虾时，计数 600 尾活力强个体进行第 2 次选择；在 3 米² 水泥池暂养 50 天左右，选择无特定病原家系 91 个，每个家系挑选 150 尾大个体（第 3 次选择）经可视嵌入性胶条（VIE）标记后，平均分配到 2 个池塘（面积分别为 1 933 米²、2 000 米²）对比测试。经过 109 天混养后收获并测量个体性状。利用 BLUP 方法估计家系个体收获体重的育种值，制定选择指数，据此选留来自 83 个家系的210 尾个体（第 4 次选择）用于构建下一世代家系，综合留种率 0.12％。

2017 年成功构建 G_2 家系 151 个。每个家系幼体孵出后，计数 5 000 尾活力强个体进行第 1 次选择；当 80％以上幼体变态为仔虾时，计数 900 尾活力强个体进行第 2 次选择；在 3 米² 水泥池暂养 50 天左右，选择无特定致病病原家系 120 个，每个家系挑选 300 尾大个体（第 3 次选择）经 VIE 标记后，平均分配到 2 个池塘（面积分别为 2 133 米²、2 000 米²）对比测试。经过 95 天混养后收获并测量个体性状。利用 BLUP 方法估计家系个体收获体重的育种值，制定选择指数，据此选留来自 100 个家系的 214 尾亲本（第 4 次选择）用于构建下一世代家系，综合留种率 0.04％。

2018 年成功构建 G_3 家系 142 个。每个家系幼体孵出后，计数 5 000 尾活力强个体进行第 1 次选择；当 80％以上幼体变态为仔虾时，计数 900 尾活力强个体进行第 2 次选择；在 3 米² 水泥池暂养 50 天左右，选择无特定致病病原家系 129 个，每个家系挑选 300 尾大个体（第 3 次选择）经 VIE 标记后，平均分配到 2 个池塘（面积分别为 2 133 米²、2 000 米²）对比测试。经过 113 天混养后收获并测量个体性状。利用 BLUP 方法估计家系个体收获体重的育种值，制定选择指数，据此选留来自 103 个家系的 225 尾亲本（第 4 次选择）用于构建下一世代家系，综合留种率 0.03％。

2019 年成功构建 G_4 家系 141 个。每个家系幼体孵出后，计数 5 000 尾活力强个体进行第 1 次选择；当 80％以上幼体变态为仔虾时，计数 900 尾活力强个体进行第 2 次选择；在 3 米² 水泥池暂养 50 天左右，经病原检测后 141 个家系均保留，每个家系挑选 300 尾大个体（第 3 次选择）经 VIE 标记后，平均分配到 2 个池塘（面积分别为 2 133 米²、2 000 米²）对比测试。经过 100 天混养后收获测量个体性状。利用 BLUP 方法估计家系个体收获体重的育种值，制定选择指数，据此选留 100 个家系，并继续选留来自 20 个高选择指数家系的个体，培育形成生长速度快的新品种，命名为罗氏沼虾"数丰 1 号"。

（三）品种特性和中试情况

1. 品种特性

罗氏沼虾"数丰 1 号"具有良好的生长速度和亩产量，同等养殖条件下，新品种与对照组相比，生长速度（体重）提高 18.0%～18.4%，平均提高 18.2%，亩产量提高 24.1%～25.3%，平均提高 24.7%，具有较为显著的生长和产量优势。

2. 中试情况

于 2020 年开始在我国江苏、浙江、广东等罗氏沼虾主养区域，联合当地水产养殖公司或合作社等开展罗氏沼虾"数丰 1 号"中试应用示范性养殖，累计养殖面积 12 230 亩，共投放虾苗 92 560 万尾，全程按照当地主流的养殖模式进行养殖管理，经过连续 2 年的养殖跟踪和相关数据收集分析，中试养殖取得了良好的养殖效果："数丰 1 号"平均亩产 375～692 千克，平均成活率 34.8%～57.5%，亩均利润 6 500～13 000 元。相比对照品种"南太湖 2 号"及其他苗种，罗氏沼虾"数丰 1 号"表现出更稳定的生长性能和更好的经济效益。

中试所选的试验地区基本覆盖了我国罗氏沼虾主要的养殖区域，代表了不同的养殖环境和养殖模式，具有良好的代表性和说服力。各地中试养殖的"数丰 1 号"的生长速度、产量、成活率等比对照商品苗具有明显优势，表明罗氏沼虾"数丰 1 号"具有良好的稳定性和适应性。中试养殖实践表明，"数丰 1 号"生长速度快、产量高，养殖效益高，是适合推广养殖的罗氏沼虾新品种。

二、人工繁殖技术

（一）亲本选择与培育

1. 亲本选择

亲本来源于江苏数丰水产种业有限公司、浙江国梁水产科技有限公司亲本养殖基地。挑选的亲本应体格健壮、附肢完整、体表光洁无附着物、体色淡蓝或玉色，全身无病灶。雄虾要求规格 25～50 克，雌虾规格 20～40 克，雌雄虾性比约为 3∶1。

2. 亲本培育

（1）培育环境　亲本培育池内平铺网片，网片离水面 20～30 厘米，网片面积占水面的 30%，既可作为隐蔽物增加亲虾栖息空间，又可以为其提供蜕壳的场所，避免刚蜕壳的亲虾受其他亲虾残杀。保持水温在 22 ℃左右。

（2）饲养管理　亲本池内放养密度每平方米不超过 1 千克，每天投喂 2～3 次饵料，颗粒饲料量占总体重的 1%～3%。为了保证饵料营养全面，下午可以使用螺肉、带鱼等鲜活饵料代替投喂一餐，投喂量为颗粒饲料的 3～4 倍；也可以用大蒜拌料或添加胡萝卜投喂。

（二）人工繁殖

繁殖开始前 1 个月，将越冬池内亲虾按雌雄比 3∶1 进行配对，放养密度每平方米 25～30 尾。水温逐渐升至 26 ℃，日投饲量为虾体重的 4%～5%，并增加动物性饵料的投喂，促使亲虾性腺快速成熟和交配产卵。每隔 10～15 天挑选一次抱卵虾，抱卵虾放在 28 ℃水温的亲虾池内，放养密度为 30 尾/米^2。抱卵虾池水以淡水和育苗海水按 2∶1 混合，使盐度达到育苗海水的 1/3 左右。待卵孵化后，每天从抱卵虾池中把幼体捞出，放入育苗池进行虾苗培育。

（三）苗种培育

1. 培育环境

苗池布幼密度一般为每平方米 10 万～12 万尾。育苗水温控制在 28～31 ℃。育苗水采用工业盐按天然海水主要元素的比例配制而成，其组成中，除氯化钠外，Mg^{2+}、Ca^{2+}、K^+ 三种离子的配比为 3∶1∶1。盐度在 10～12、相对密度在 1.005～1.007。

2. 饵料投喂

在布幼体的第 2 天，投喂孵化 18～24 小时的卤虫无节幼体进行开食，投喂密度为每毫升 10 个左右。布幼体后的第 9 天，即可少量投喂人工制作的蛋羹，以后再慢慢增加。第 13 天以后以投喂蛋羹为主，卤虫无节幼体为辅。

3. 水质调控

水质调控措施可分为物理净化和生物净化。物理净化包括排污、换水、移池等措施；生物净化则指使用有益微生物制剂如光合细菌、芽孢杆菌等来调控水质。

4. 虾苗淡化

经过 20～22 天的培育，当 90%以上的溞状幼体变成仔虾时开始淡化。淡化时先将池内水位降低，再徐徐加入淡水，淡化可分 2～3 天进行，直至盐度降至 3 以下。淡化的同时缓慢降低苗池水温，与养殖池水温接近后，虾苗便可下塘养殖。

三、健康养殖技术

（一）健康养殖（生态养殖）模式和配套技术

1. 养殖条件

（1）养殖环境　选择地势平坦、开阔，通水、通电、交通方便，环境无污染，水源丰富、洁净的养殖环境。养殖池塘为方形或长方形，以长方形为宜，长方形池塘长宽比例应小于 3∶2，池塘面积以 3～20 亩为宜，池深 2.0～2.5 米，水深 1.5～2.0 米。池塘底质为壤土或沙土，池底平整不漏水，向排水端倾斜，便于干塘和捕捞。

（2）配套设施　养殖池塘的两端设进、排水设施，进水口与排水口尽量远离，进水渠道和排水渠道应独立设置，排水渠的宽度应大于进水渠。池塘应配备增氧设备，每亩配套 1 千瓦的增氧机，包括配备池底微孔纳米管增氧盘和水车式增氧机。每 15 亩池塘配套一台 2.2 千瓦的水泵，并依据机械总动力负荷的 70% 左右配置柴油发电机组，以备停电急救之用。

2. 虾苗放养前准备

放苗前，将养殖池塘积水排净，消毒、晒塘。清淤整池后，进塘水 20～40 厘米（凡进水须经过 60 目以上的绢网过滤），生石灰按 150 千克/亩的用量全池泼洒。

清塘消毒后，虾苗放养前 10～15 天，水位加至 1.0～1.2 米，向水中施75～150 千克/亩发酵有机肥或 0.5～1.0 千克/亩生物肥，培育水体。

3. 幼虾培育

（1）培育模式

① 锅炉大棚加温提早培苗模式。在成虾养殖池边或附近建幼虾加温培育大棚。大棚以钢管制作成圆弧形做骨架，棚顶用塑料农膜覆盖，外层用尼龙网或绳索压紧，四周用土夯实。培育池用无压茶水炉加温。采用空气泵配套散气石或微孔纳米管在池底进行曝气增氧，一般每亩大棚配备一台 1.1 千瓦的空气泵。

当大棚培育池水温稳定在 25 ℃ 以上、经虾苗试水 24 小时安全后即可放苗，放苗密度根据大棚内养殖时间而定，以 1 000～3 000 尾/米^2 为宜。为提高幼虾培育成活率，建议放苗后，前 3 天大棚水温最好在 26～28 ℃，1 周后稳定在 25～26 ℃。长三角地区，一般在 2 月中旬至 3 月中旬放苗。

② 简易大棚提早培苗模式。除不使用锅炉外，其他设施和饲养管理方法参照锅炉大棚加温提早培苗模式。该模式放苗时间一般较锅炉大棚培苗养殖模式晚 1 个月左右。长三角地区一般在 4 月放苗，放养密度以 2 500～3 500 尾/米^2 为宜，培育成活率相对较高；珠三角地区一般在 1 月中旬至 3 月中旬放苗。

③ 池塘直接放苗养殖模式。在长三角地区，每年 5 月上旬开始，当池塘自然水温到达 22 ℃ 以上时，将虾苗直接放养入池。放养的虾苗为 0.7～0.8 厘米的淡化苗，放养密度为 3 万～5 万尾/亩。这种养殖模式适合于养殖面积大、养殖池塘多的养殖大户或养殖场。在珠三角地区，每年的 4 月上旬开始放苗。

（2）饲养管理　所用饲料应符合行业规定、大小适口，以微颗粒配合饲料为宜。不同的培育方式下，日投喂量为虾总体重的5％～15％为宜，每天早、中、晚各投喂1次，并通过投饲2小时后查料台残饵量增减投喂量。

4. 成虾养殖

（1）饲料管理　配合饲料应符合行业质量标准，粗蛋白含量在35％以上，且动物性蛋白比例高，含有维持虾健康必需的维生素及矿物质。每天投喂饲料2次，6：00—7：00投喂全天总量的40％，17：00—18：00投喂60％。饲料应沿着池塘四周均匀撒投在离岸2米的区域，确保整个池塘的虾都能摄食到；或用船上自动投饵机沿池塘四周均匀投饲。同时根据摄食情况、天气状况，确定当日投喂量。每餐投饲3小时后观察残饵情况，对投喂量进行调整。当虾大量蜕壳、水质不好、天气闷热、下大雨时少投或不投；水温过低（20℃）或过高（32℃）时减少投饵量。

（2）水质管理　在养殖期间应保持如下水质指标：透明度20～30厘米，水色黄绿色或黄褐色，pH 7.5～8.5，溶解氧5毫克/升以上，氨氮0.5毫克/升以下，亚硝酸盐0.02毫克/升以下，硫化物0.1毫克/升以下。

虾苗或幼虾放养时，池塘水深1.0～1.2米，以后每隔1周提高10厘米，在6月中旬达到1.5～1.8米，保持水位。养成中后期，视水质情况换水，每次换水量不超过20％，使池水水质符合要求。

每隔10～15天，在晴朗天气上午，全池泼洒生石灰5～10千克/亩，调节池水pH、增加蜕壳所需钙质，同时消毒水体；根据水质情况不定期使用底质改良剂和光合细菌等有益微生物制剂改善水质，用法及用量参照使用说明。每亩虾池套养鳙5尾、鲢50尾。

（3）日常管理　每天凌晨和傍晚各巡塘一次，观察水质变化，检查虾的活动、摄食情况，检修养殖设施，发现问题及时解决；定期测量水温、pH、溶解氧、氨氮、亚硝酸盐和透明度等指标，每15～20天测量虾体长、体重等生长指标。每个池塘建立养殖档案，记录放养、投饲、换水、用药、开增氧设备等情况。

5. 养成收获

罗氏沼虾的收获时间取决于虾个体大小、养殖环境和市场价格等。长三角地区，采用锅炉大棚增温培苗并于4月补放大棚苗的虾塘，一般在6月20日前后开始分批起捕上市。用网目大的3.2厘米赶网或拉网，捕大留小。

（二）主要病害防治方法

罗氏沼虾养殖过程中，对常见病害应以预防为主，辅以水质管理和饵料控制等加以防控，提倡生态绿色养殖，保证产品质量。具体可采取以下措施：

（1）放养经检测无特定病原的优质虾苗，确定合理的放养密度；

（2）干塘后或放苗前，池塘彻底清淤消毒，水源必须经过严格消毒才可使用；

（3）合理投喂优质饲料，不投喂无法消毒的鲜活饵料；

（4）勤开增氧机，定期使用益生菌等生物制剂改善水质；

（5）定期使用生石灰、过硫酸氢钾等消毒水体；

（6）拉网后及时泼洒聚维酮碘消毒剂或中成药控制病菌繁殖；

（7）加强养殖工具、捕捞网具等的消毒，做好严格防疫措施。

四、育种和苗种供应单位

（一）育种单位

1. 江苏数丰水产种业有限公司
地址和邮编：江苏省高邮市送桥镇孙巷村，225654
联系人：夏正龙
电话：18705821521

2. 中国水产科学研究院黄海水产研究所
地址和邮编：山东省青岛市南京路 106 号，266071
联系人：栾生
电话：13969749906

3. 湖州师范学院
地址和邮编：浙江省湖州市吴兴区二环东路 759 号，313000
联系人：唐琼英
电话：13185268622

4. 浙江国梁水产科技有限公司
地址和邮编：浙江省湖州市安吉县天子湖镇高庄村，313999
联系人：杜厚宽
电话：15806412862

（二）苗种供应单位

1. 江苏数丰水产种业有限公司
地址和邮编：江苏省高邮市送桥镇孙巷村，225654
联系人：夏正龙
电话：18705821521

2. 浙江国梁水产科技有限公司

地址和邮编：浙江省湖州市安吉县天子湖镇高庄村，313999

联系人：杜厚宽

电话：15806412862

五、编写人员名单

杨国梁、孔杰、栾生、夏正龙、唐琼英、易少奎、蔡缪荧、杜厚宽、潘月明

青虾"鄱阳湖2号"

一、品种概况

(一) 培育背景

青虾(*Macrobrachium nipponense*),又名日本沼虾,自然分布于中国、朝鲜半岛等东亚国家或地区,是我国重要的淡水经济养殖对象。在我国,青虾广泛分布于各淡水水域或咸淡水水域。我国青虾养殖业开始于20世纪50年代末期,直到90年代才蓬勃发展,到2000年以后便迅速发展,全国青虾养殖总产量在2003年超过10万吨,在2008年超过了20万吨,至今一直稳定在20万吨以上。

我国幅员辽阔,淡水资源丰富,不同自然水域的气候、环境、水质、物种等有较大差异。我国不同水域的青虾经过长期环境适应、自然选择和系统演化,在外部形态、生理特性、生长速度、营养成分等方面产生了差异,展现出丰富的种质资源多样性。经对我国青虾种质资源系统调查和研究发现,长江中下游地区、淮河流域以及钱塘江流域青虾种质资源相对丰富和优异。

鄱阳湖是我国第一大淡水湖泊,鄱阳湖青虾具有丰富的遗传多样性、突出的生长优势和良好的养殖性能,以青虾鄱阳湖群体为基础群体选育青虾新品种,对鄱阳湖地区青虾优异种质资源保护、利用,以及提高我国青虾养殖产业良种覆盖和使用率均有重要意义和价值。

(二) 育种过程

该品种选育用亲本来自鄱阳湖地区进贤县三里乡、鄱阳县白沙洲乡、都昌县多宝乡、庐山市新池乡、永修县吴城镇等5个自然水域,共约4万尾。以体重为目标性状,采用群体选育技术选育而成。

(三) 品种特性和中试情况

在相同养殖条件下,与未经选育的鄱阳湖青虾相比,150日龄体重平均提高23.1%。

2020—2021年，在浙江、江西等的基地进行池塘养殖小试，并在浙江、江西等青虾养殖主产区，连续2年开展青虾"鄱阳湖2号"与鄱阳湖未选育群体的生产性对比试验，累计试验面积435亩。试验结果表明，青虾"鄱阳湖2号"与未经选育的鄱阳湖青虾相比，个体规格整齐，生长速度提高23.1%以上，养殖增产效果明显。

二、人工繁殖技术

（一）亲本选择与培育

1. 亲本选择

苗种生产用的亲虾来源于由上海海洋大学、武义伟民水产养殖公司等共同选育的专用于生产苗种的抱卵虾，养殖密度以每亩6～8千克为宜；或选用性腺成熟的亲虾，每亩10～13千克为宜，雌雄数量比3∶1。

2. 亲本培育

（1）培育环境　亲本要专池培育，以土池为宜。培育池塘面积一般在2～5亩，水深以1.0～1.5米为宜，应选择在环境安静、水源充足、无污染水源、进排水方便且通信、交通便利的地方建池。培育池中栽种水生植物，以苦草、金鱼藻等为主，栽种面积占水面的1/3为宜。

（2）饲养管理　亲本饲养期间，水体透明度维持在35～40厘米，每天至少开增氧机18小时。未抱卵亲虾应进行营养强化。亲虾饲养用饵料主要为新鲜轧碎螺肉、水蚯蚓等鲜活饵料，兼投少量专用配合饲料，其中新鲜饵料应占饵料总量的1/3以上。每天投喂量为亲虾总量的3%～8%，分3次（7:00、17:00、23:00）投喂，其中后两次投喂量各占40%。

（二）人工繁殖

亲虾的交配、产卵和幼体孵化均在亲虾培育池塘内完成。亲虾最适产卵水温为22～28℃，从产卵到幼体孵化大概需要20～25天。待发现有抱卵虾出现，即开始进行受精卵孵化，孵化期间应保持池内水质清爽，维持溶解氧在适宜水平。

（三）苗种培育

苗种培育可在亲本培育池塘中进行，也可用专门的苗种培育池塘。选择苗种培育池塘时应保证水源充足、水质清新、水质符合GB 11607的规定。苗种培育池塘大小一般以2～5亩为宜，水深1.2～1.5米，池塘中需栽培水生植物，以苦草、水花生等为主，栽种面积以水面的1/3～1/2为宜。

施肥培养饵料生物：苗种专用培育池塘需在抱卵亲虾放养前 7 天，施用经发酵熟化的有机肥或使用生物肥料，施肥量为每亩水面 100 千克，以培养单细胞藻类、轮虫、枝角类等，作为幼体的开口饵料、开口后的天然饵料。

幼体孵化出膜后，需保持池内分时段充氧，每天累计充气时间不少于 18 小时，夜晚和白天充气时间比例为 2∶1，午后需至少充气 3 小时。出膜 1～5 天，水面呈弱沸腾状；6～10 天水体呈中沸腾状；10 天以后至出苗，水面呈强沸腾状。

在溞状幼体孵出后 2～3 天，每天每亩用 1.5～3 千克黄豆磨浆，纱布过滤，去渣后全池泼洒。一天泼浆 2～3 次，每次间隔时间为 5～6 小时，1 周后可投喂不过滤的豆浆。到第五期溞状幼体时，以肥水为主，保持水体透明度在 30 厘米，视水质情况适当泼洒豆浆或添加四号粉、鱼粉和蚕蛹等饲料，发现仔虾后开始投喂破碎料。当幼体培育至体长 1.5～2 厘米时，可分塘养殖或批量出售。

三、健康养殖技术

（一）健康养殖模式和配套技术

青虾"鄱阳湖 2 号"的养殖模式以池塘生态养殖为主，也可进行蟹塘套养和稻田养殖，本部分主要介绍池塘生态养殖。

1. 养殖环境

生态养殖池塘应建在排灌方便、防洪涝，向阳、光照充足，周边无高大遮挡物的区域。生态池塘形状宜为长方形，东西朝向，面积 2～5 亩，坡比 1∶(2.5～3)，水深 1～1.5 米，池底平坦，底质以黏壤土为宜，池底淤泥 5～8 厘米。池塘应有独立的进水和排水系统，分设在池塘两侧。进水口应硬化，高于池塘水面，进水时宜用网目为 40 目的网片过滤；排水口低于池塘最低水位线。

2. 放养前准备

（1）清塘消毒 苗种放养前抽干池水、清除淤泥，暴晒 7 天以上。随后，每亩用 75～100 千克的生石灰溶于水全池泼洒消毒，7～10 天后灌注新水。或者使用漂白粉 50 毫克/升水溶液全池泼洒消毒 5 天。

（2）种植水草 因地制宜种植水草，适宜以喜旱莲子草为主，搭配轮叶黑藻。栽种面积占虾塘面积的 30%，在离塘埂 1.5 米处沿池塘四周栽培，形成水草带，宽约 1 米，在虾苗放养前栽种完毕。

3. 苗种放养

青虾"鄱阳湖 2 号"池塘生态养殖一年可养殖两茬，分为春季放养和秋季放养。春季放养时间一般为 3—4 月，每亩放养 1.5 万～2 万尾、规格 1 000～

3 000 尾/千克的越冬虾苗。秋季放养可在 6—7 月，每亩放养 3 万～4 万尾、规格 2 000～5 000 尾/千克的当年虾苗。苗种放养前先进行试水操作，确保安全后放养。虾苗放养 15 天后，每亩适当放养鲢鱼种 30 尾左右。

4. 饲养管理

（1）投喂管理　投喂粗蛋白含量在 30% 以上的优质全价青虾颗粒饲料。日投饲量占青虾体重的 2%～3%，分 2 次投喂：7:00—8:00 投总量的 30%，全池投喂；17:00—18:00 投总量的 70%，沿池塘四周浅滩处投喂。并根据季节、天气、水质变化及青虾的生长、吃食情况，适时适量调整。秋季可适当增喂部分新鲜水蚯蚓、螺等，以促进青虾生长和提高青虾品质。

（2）水质调控　保持池塘水质清新，pH 7～8，溶解氧不低于 4 毫克/升，透明度 30～40 厘米，水色呈黄绿色。高温季节塘水保持最高水位，每 7～10 天换一次水。水质过浓或遇高温气闷雷雨天气，应及时开机冲水增氧。并根据水质补施追肥。施肥原则：春季以有机肥为主，夏季以无机肥为主。

（3）底质调控　适量投饵，减少剩余残饵沉淀；定期使用底质改良剂（投放适量过氧化钙，投入光合细菌、活菌制剂），可每 2 周一次，促进底泥有机物分解。

（4）日常管理　坚持早晚和夏秋夜间巡塘，根据天气、水质、虾情、设备等情况及时采取应对措施。定期抽测青虾生长情况，结合水温、天气、水质等情况及时调整投饲量。由专人负责做好各项生产记录，建立产品可追溯制度。

5. 收获

一般采用一次性捕获、集中上市的方法；也可采用捕大留小的方式，延长养殖周期。根据收获策略和时间，选择适宜的捕捞方式，如虾笼诱捕、密网插捕、抄网抄捕、干塘抓捕等。

（二）主要病害防治方法

在养殖过程中，坚持"无病先防、有病早治、防治结合、无治早出"的原则，在环境、苗种、饲料、管理四方面做好预防工作：①营造好环境。营造良好的养殖生态环境，特别是水质条件要优越和稳定，水体溶解氧要充足。适当使用 EM 菌、芽孢杆菌等微生态制剂。②选择好苗种。选择健康活泼、大小均匀、肠道饱满的优质苗种。③选用好饲料。科学选用全价配合饲料，不同生长时期选用不同大小的颗粒饲料。④实施好管理。实施精细的管理，勤巡塘、勤观察、勤检测、勤记录、勤总结。下面介绍几种青虾养殖过程中常见的疾病及其防治方法。

1. 蜕壳不遂症

【病因】水体清瘦、缺氧导致氨氮、亚硝酸盐偏高，钙、维生素等营养缺乏；体表有纤毛虫附着。

【流行季节】春季、夏季、秋季，特别是高温季节。

【防治方法】水体补钙、增加溶解氧、适当改底、定期检测有无纤毛虫。

2. 固着类纤毛虫病

【病因及症状】主要是由聚缩虫、钟形虫、累枝虫等成群着生引起。症状早期不明显，后期病虾体表、附肢及鳃上常附着污物，肉眼观察呈棉絮状，病虾行动缓慢，食欲减退，呼吸困难，严重时引起死亡。

【流行季节】春夏或夏秋之交，水温 18～20 ℃。

【防治方法】保证水质清洁是最有效的预防措施。在放苗之前，要尽量清除池底污物，并彻底消毒；适量投饵，尽可能避免过多饵料沉积在水底。

3. 丝状细菌病

【病因及症状】丝状细菌中的发状白丝菌是主要病原。病虾鳃部多为黑色或棕褐色，头胸部附肢和游泳足色泽暗淡，似有棉絮状附着物。严重者鳃变黄色、褐色甚至绿色，附着丝状体。此病妨碍虾的呼吸，在水中氧气浓度较低时，会直接影响青虾蜕壳，严重时引起死亡。

【流行季节】春夏之交的 3—6 月。

【防治方法】养成中、后期勿过量投饵，保持池水清新；加强水质调控和底质改良。

4. 黑鳃病

【病因及症状】池塘底质严重污染，水体中有机质多、溶解氧较低、氨氮浓度较高，为弧菌属细菌滋生创造了良好的条件，致使青虾呼吸和清理鳃部污物的功能减弱。病虾浮于水面，行动迟缓呆滞，头胸部和腹部侧面均有黑斑，鳃部呈黑色，鳃丝坏死，组织脱落，肝脏呈现明显的白色。

【流行季节】夏、秋季为主要流行季节，主要流行温度 24～28 ℃。

【防治方法】严格清塘消毒；饵料投喂量适当；加强水质调控、定期用生石灰泼洒。

5. 红体病

【病因及症状】一般是由于操作不当引起虾体受伤后感染弧菌造成。初期症状为虾体尾部变红，并随时间向前扩散，最终使虾体完全变红。病虾的行动迟缓且食欲下降，严重时会停止摄食进而死亡。

【流行季节】一般发生在 7—8 月的高温季节。

【防治方法】红体病一般由外伤感染造成，因此应当以预防为主，在放苗、除野和选捕操作中，动作一定要轻缓，且保证虾体不重叠，能够在水中均匀分布并移动，以防止虾由于受到惊吓而产生互相伤害的情况。治疗用聚维酮碘，每立方米水体用 0.1～0.3 毫升，全池泼洒，每天 1 次，连用 2 天。

四、育种和苗种供应单位

（一）育种单位

1. 上海海洋大学

地址和邮编：上海市浦东新区沪城环路 999 号，201306

联系人：冯建彬

电话：021 - 61900438

2. 武义伟民水产养殖有限公司

地址和邮编：浙江省武义县王宅镇罗桥村，321200

联系人：陈卫民

电话：13566937338

3. 江西省水生生物保护救助中心

地址和邮编：南昌市青山湖区科技大道 198 号，330096

联系人：戴银根

电话：0791 - 88166002

4. 江西省进贤县军山湖鱼蟹开发公司

地址和邮编：江西省南昌市进贤县民和镇东门桥，331700

联系人：罗建军

电话：0791 - 85672502

（二）苗种供应单位

上海海洋大学

地址和邮编：上海市浦东新区沪城环路 999 号，201306

联系人：冯建彬

电话：021 - 61900438

五、编写人员名单

冯建彬、戴银根、陈卫民、李西雷、罗建军等

中国对虾"黄海⑥号"

一、品种概况

(一) 培育背景

中国对虾 (*Fenneropenaeus chinensis*) 又称中国明对虾、东方对虾，隶属于十足目、对虾科、明对虾属，是一种冷水性虾类，主要分布于黄渤海区，在浙江沿海、长江口以及珠江口有少量分布，在朝鲜半岛西海岸和南海岸也有批量生产；适宜养殖面积占全国对虾养殖面积的 60% 以上。

中国对虾是我国最具代表性的土著水产养殖种类之一。然而 20 世纪 90 年代初期暴发的以 WSSV (white spot syndrome virus，白斑综合征病毒) 为主要病原的对虾流行病，使得中国对虾养殖年产量由 20 余万吨下降至 5 万吨左右。中国对虾新品种选育的重点聚焦在抗病性、生长性能及抗逆性等方面，选育方式从群体选育、家系选育到如今发展成为传统选育模式与基因组选育相结合。目前已培育出的 5 个中国对虾养殖新品种，使中国对虾养殖业不断得到复苏。然而，一方面，近年来气候变化异常，全国范围内屡次遭受寒灾，导致了养殖期对虾的大量死亡；另一方面，中国对虾的放苗温度一般不低于 17.5 ℃，其适宜生长温度限制了对虾的养殖季节和地域，也限定了虾农池塘养成的时间和收获规格。耐低温新品种的选育，可提高中国对虾的耐低温能力，扩大中国对虾的适温范围。在耐低温选育的同时，将抗病性、收获规格也作为新品种培育的目标，以最大限度地提高收获效益，造福于民。

(二) 育种过程

1. 亲本来源

中国对虾"黄海 6 号"亲本包括中国对虾"黄海 5 号"育种核心群体和朝鲜半岛西海岸野生群体。

中国对虾"黄海 5 号"育种核心群体：2015 年，经过 WSSV 抗性和收获体重性状测试后，从 G_7 "黄海 5 号"育种核心群体中选留 60 个性状表现优良的家系作为核心育种群体。"黄海 5 号"是采用多性状复合育种技术，历经 8

年选育出的具有多个优良性状的新品种，2017年通过全国水产原种和良种审定委员会审定（品种登记号：GS-01-008-2017），与对照苗种相比，WSSV抗性提高30.10%，生长速度提高32.05%，养殖存活率提高13.51%，表现出优良的抗病性能和生长性能。

朝鲜半岛西海岸野生群体：为增加育种基础群体的遗传多样性水平，2015年引入于朝鲜半岛西海岸捕获的中国对虾野生亲虾140尾，经低温耐受性、收获体重等性状测试和配合力测试，挑选性状表现优良、体表无伤痕、无畸形、经PCR检测WSSV等呈阴性的高健康亲本组建育种基础群体。

2. 技术路线

中国对虾"黄海6号"培育技术路线见图1。

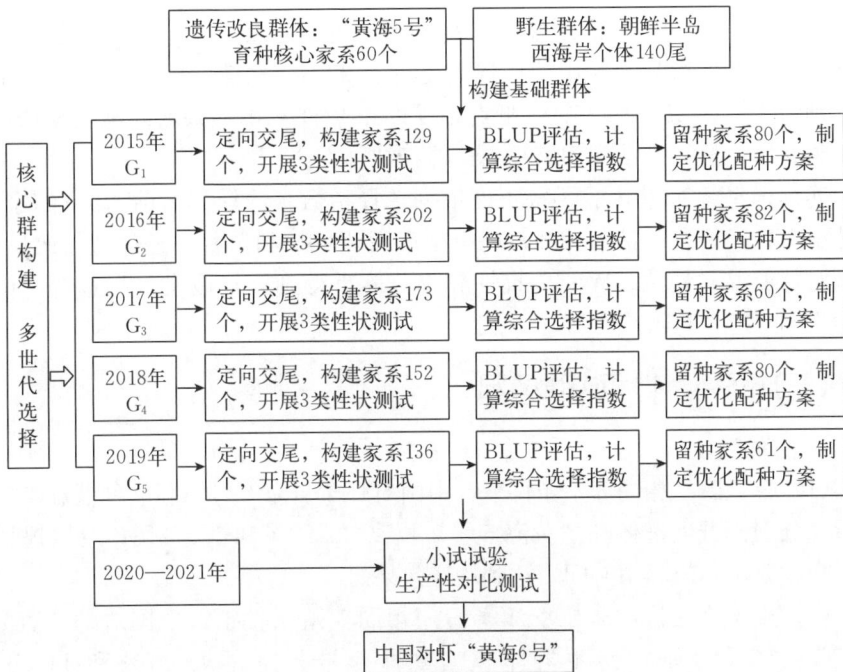

图1　中国对虾"黄河6号"培育技术路线

3. 培（选）育过程

自2015年开始，利用人工定向交尾技术，每年度大规模、标准化构建全（半）同胞家系；以低温耐受性、WSSV抗性和收获体重作为育种目标性状，利用VIE荧光染料标记家系个体，开展混养或单养性状测试试验，记录家系P40仔虾个体低温累计存活时间（CDH）、抗WSSV存活时间和收获体重；性状测试结束后，建立遗传评估模型，利用BLUP方法，评估家系和个体的性能差异；制定多性状选择指数选留优秀的家系和个体，参考亲缘关系制定配种方案，生产下一世代家系。

至 2019 年 12 月，已经连续完成 5 个世代的选育，每年度构建家系数量在 129～202 个（达到仔虾阶段为准），累计构建家系数量为 792 个。每个家系达到标记和混养测试规格前（1.5～2 克/尾），经过 4 次数量标准化（20 000 尾无节幼体、2 000 尾 P5 仔虾、1 200 尾 P12 仔虾、700 尾 P20 仔虾），以保持各家系养殖环境一致。达到 VIE 标记规格时，针对低温耐受性、WSSV 抗性和收获体重，每个家系分别随机选择 30～50 尾个体进行测试。针对低温耐受性、WSSV 抗性和收获体重，分别累计测试个体 16 959 尾、11 845 尾和 15 929 尾。低温耐受性、WSSV 抗性和收获体重育种值排名中间的家系分别交配产生的后代作为下一代相应性状的对照群体。从 G_2 开始，每代对照群体数量为 10～15 个。不同性状的选择群体数量以实际参加测试的家系数量减去对照家系数量计算。在选择指数公式中，低温耐受性、WSSV 抗性和收获体重的权重赋值分别为 50％、25％和 25％。低温耐受性和 WSSV 抗性采取同胞家系选择方法，收获体重执行家系间和家系内选择相结合方法。

连续选择 5 个世代后，每年度依据选择指数，选择排名前 10 位的家系，设计配组方案，生产扩繁种虾，用于生产商业种虾和苗种。经过遗传改良后，中国对虾低温耐受性、WSSV 抗性和收获体重得到明显改良，将选育群体命名为中国对虾"黄海 6 号"。

（三）品种特性和中试情况

1. 品种特性

（1）耐低温　相同养殖条件下，中国对虾"黄海 6 号"新品种低温半致死存活率分别比野生群体和"黄海 5 号"提高 32.22％和 15.73％，可以提早放苗、晚收获，延长养殖时间，达到增产效果。

（2）生长速度快，养殖成活率高　相同养殖条件下，中国对虾"黄海 6 号"收获体重分别比野生群体和"黄海 5 号"提高 41.27％和 14.86％，WSSV 感染后半致死存活率分别提高 27.74％和 11.33％。

（3）养殖周期短　在同样时间投苗比其他品种更快达到上市规格，养殖增效明显。

2. 中试情况

2020—2021 年，分别在河北 2 个试验点（唐山市曹妃甸区祥盛水产养殖场和唐山市曹妃甸区阳亮水产养殖有限公司）和辽宁 2 个试验点（丹东市海珍品苗种繁育基地和东港市昱达水产养殖有限公司），连续两年开展"黄海 6 号"与当地中国对虾商业苗种的生产性对比试验，累计投放"黄海 6 号"苗种和商业苗种各 464.6 万尾，试验面积 2 474 亩。试验结果表明，与商业苗种相比，"黄海6号"平均放苗时间提前 5 天以上，个体平均体重、亩产量和养殖成活率分别提高 10.27%、22.88% 和 11.28% 以上。相同养殖条件下，"黄海6号"新品种可以提早放苗、晚收获，延长养殖时间，生长速度快，养殖成活率高，保产和增产能力强。

二、人工繁殖技术

（一）亲本选择与培育

1. 亲本选择

中国对虾"黄海6号"新品种亲虾来源于"黄海6号"扩繁群体。选择体质健壮、无外伤、纳精囊洁白饱满、体长大于 16 厘米、体重大 45 克、经过检疫无特定病原的交尾亲虾放入亲虾越冬池越冬，作为翌年苗种生产用亲虾，要求卵巢宽大，色泽深褐，卵巢前叶饱满，第 1 腹节处卵巢向两侧下垂。对白斑综合征、对虾肝胰腺细小病毒病和传染性皮下和造血组织坏死病等定期检验检疫，淘汰不合格亲虾。

2. 亲本培育

（1）培育环境　中国对虾亲本培育的主要场所应选择海水资源充足、远离污染源、交通便利、通信方便、电力充足、有淡水水源的地方。

① 亲虾培育池。亲虾培育池面积 30～50 米^2 为宜，水深 0.7～1 米。亲虾入室前应对培育池、工具等进行严格消毒，一般方法为 300 毫克/升高锰酸钾溶液严格消毒 1 天并充分暴晒后待用。11 月上旬自然水温在 12～13 ℃时将亲虾移至室内培育池进行越冬，亲虾入池初期，按照终浓度为 20 毫克/升加入甲醛溶液浸泡消毒 8 小时后更换新水。越冬期间，亲虾密度一般控制在 8～10 尾/米^2，培育池持续微充气。

② 水温和光照。亲虾入池初期，让水温自然下降，降至 9 ℃时开始保温，冬季水温保持在 9 ℃左右，并保持水温的稳定，日温差不要超过 1 ℃，特别是在换水时温差不能太大，应把水预热至培育水温时，再加入培育池。越冬期间应降低光照强度，使光照强度控制在 500 勒克斯以下。

（2）饲养管理

① 亲虾饵料。越冬期的饵料以活沙蚕和蛤蜊类效果最好，越冬期对虾摄食量较小，可按亲虾体重的 3%～5% 进行投喂，并根据具体摄食情况进行增减。日投饵 2～4 次，每日清除残饵。

② 越冬管理。越冬期水质指标控制在以下范围：盐度 23～35，盐度变化不超过 3；氨氮含量在 0.5 毫克/升以下；溶解氧在 5 毫克/升以上；化学需氧

量2毫克/升以下；重金属及其他污染物含量符合《渔业水质标准》。每日换水30%～50%，同时清理池底残饵和粪便，预防纤毛虫等的寄生，所换新水是经过预热池预热的，一切操作应尽量减少对亲虾的惊动。定期测定水温和溶解氧，每5天测定盐度、pH、氨氮等水质指标，每30天倒池一次。每日观察亲虾摄食及活动情况，如有异常，及时处理。中国对虾"黄海6号"抗病能力强，在正常管理情况下基本不出现发病现象。

（二）人工繁殖

1. 亲虾促熟培育

从越冬存活的亲虾中挑选健康、无病及性腺发育良好的亲虾放入充气的产卵池内，并投喂活沙蚕、蛤蜊肉等新鲜饵料，产卵池亲虾的养殖密度控制在12～15尾/米^2。产卵前需要进行升温促熟，水温按照每3天1℃的速率升至14～16℃，此温度有利于亲虾的性腺发育，但最高不能超过18℃。

2. 受精卵消毒、孵化

产卵池的充气量不宜过大，控制中等气量充气，以防冲破卵膜。每天收集的对虾受精卵使用20毫克/升的甲醛溶液浸泡消毒30秒，切断病毒纵向传播，其间不断晃动或略微充气，后用清洁海水充分冲洗并去除对虾粪便、残饵等污物后方可进入孵化池孵化。设专用孵化池，孵化用水也需经消毒处理。受精卵在水温15℃的孵化池中经过约50小时孵化出无节幼体。孵化期间需要连续微充气并每小时人工搅动一次。

3. 幼体收集和消毒

孵化结束后，待死卵及污物全部沉于池底后，用虹吸法吸取表层幼体，同时用150目的筛绢网进行幼体收集，底部不活跃幼体及未孵化幼体舍弃。集取的无节幼体经有效碘浓度为5毫克/升的PVP－I消毒处理30秒，再经消毒海水清洗1～2分钟后移入苗种培育池培养。

（三）苗种培育

1. 用水处理

用水处理是防止病毒水平传播的第一步，整个育苗期间均用经过沙滤沉淀和消毒的海水。用有效氯5～10毫克/升的漂白粉对所用海水消毒处理12小时以上，检测确认无余氯后加入10毫克/升的EDTA，8小时后即可使用。育苗用水盐度25～35，溶解氧大于5毫克/升，化学需氧量小于1毫克/升，氨氮小于0.6毫克/升。

2. 育苗室与育苗池

育苗室一般面积为500～1 000米^2，屋顶透光率30%～40%。育苗池以室内水泥池为宜，面积一般控制在 10～40 米^2，水深 1.5～2 米，池形为长方形，池壁标出水深刻度线，有进排水、滤水、控温、控光、加温和充气增氧设备。幼体培育前应对培育池消毒，用 6 毫克/升的漂白粉或 300 毫克/升的高锰酸钾浸泡 24 小时，然后冲洗干净，晾晒 1 天，使用前再用淡水冲洗一次。

3. 饵料培养室

面积宜为育苗室面积的 15%～20%，用于培养单细胞藻类和孵化卤虫卵等。

4. 苗种培育

（1）幼体培育密度　无节幼体放养密度应根据育苗池的条件而定，一般培育密度控制在 15 万～30 万尾/米^3。

（2）幼体培育温度和充气量

① 幼体各发育期温度。无节幼体期 18～20 ℃；溞状幼体期 20～22 ℃；糠虾幼体期 22～24 ℃；仔虾幼体期 24～25 ℃。育苗池水升温力求平稳，温差要小于 1 ℃。

② 幼体各发育期充气量。无节幼体阶段水面呈微沸腾状；溞状幼体阶段呈弱沸腾状；糠虾幼体阶段呈沸腾状；仔虾阶段呈强沸腾状。

（3）饵料投喂　投饵量应根据幼体的摄食、活动、生长发育、密度及水中饵料密度和水质等情况灵活调整。

① 无节幼体期。无节幼体期开始接种单胞藻，浓度为 5 万～10 万个/毫升（如牟氏角毛藻），无节幼体期不摄食。

② 溞状幼体期。溞状幼体 1～2 期以摄食单胞藻为主，配合饲料和酵母为辅；溞状幼体 3 期每天每尾幼体投喂卤虫幼体 5～10 个，同时投喂适量配合饲料，饵料经 200～300 目筛绢网滤洗。

③ 糠虾幼体期。糠虾幼体 1～3 期每天每尾幼体投喂卤虫 10～30 个，并投喂适量配合饲料，饵料经 150 目筛绢网滤洗。

④ 仔虾期。仔虾第 1～2 天，每尾仔虾每天投喂卤虫幼体 70～100 个，并投喂适量配合饲料，饵料经 80～100 目筛绢网滤洗。也可投喂绞碎、洗净的小贝肉或微粒配合饵料，全喂蛤肉的投喂量为每万尾仔虾每天 10～15 克，要少投勤喂，尽可能减少残饵。

5. 苗种日常管理

各期幼体充气和换水管理不同。无节幼体期微充气，不换水；溞状幼体期微充气，从溞状幼体 2 期开始日添新水 10 厘米，加至满池；糠虾幼体期充气呈微沸腾状，糠虾幼体 2～3 期开始换水，每天换水 10%～30%；仔虾期充气呈沸腾状，换水 30%～50%，分两次换水。育苗池充气应均匀，无死角。加热管处应设气石或气排，在特殊情况下，停气不能超过 20 分钟。水体 pH 控制在 7.8～8.6；盐度 25～35；化学需氧量 1 毫克/升以下；氨氮含量 0.6 毫克/升以下；亚硝酸盐氮含量低于 0.1 毫克/升；溶解氧含量大于 5 毫克/升。换水网箱每天要清洗一次，并用消毒剂消毒 30 分钟，清水洗净后晒干待用。每日施肥至仔虾期：硝酸钠 2 克/米³，磷酸二氢钾 0.2 克/米³；施肥次数和数量要根据水色调整。

6. 虾苗出池和运输

在仔虾第 8～10 天，虾苗全长达 1 厘米以上时就可以对外销售和运输。出池前 2～3 天，要使水温逐步下降至室温。出池时用虹吸法向 40 目集苗网箱排水，注意控制流速，以免挤伤虾苗。虾苗用双层塑料袋（苗种袋）运输最好，5～10 升的双层塑料袋，可盛放虾苗 1 万～3 万尾。充入氧气，20 ℃左右可运输 10～15 小时。

三、健康养殖技术

（一）海水池塘健康养殖（生态养殖）模式和配套技术

1. 养殖池

养殖池适宜面积为 30～50 亩，池形为长方形、正方形或圆形。长方形长宽比不应大于 3∶2。池深 2.5～3 米，养殖期可保持水深 2 米以上。池底平整，向排水口略倾斜，比降 0.2%，做到池底积水可自流排干，以利晒池和清洁处理池底。养殖池相对两端设进、排水设施。排水闸宽度为 0.5 米，兼作收虾用，闸室设三道闸槽，中槽设闸板，内槽安装挡网，外槽安装出虾网。闸底要低于池内最低处 20 厘米以上，以利排水，闸门密闭性要好。排水闸上部设活动闸板，以备暴雨时排表层淡水。养殖池进水通常采用管道或渠从池坝上进水，紧贴池壁修导流槽，以免冲刷堤坝。养殖池进水口处设两道闸槽，一个用来设滤水网，另一个设挡水板。

2. 放苗前的准备

（1）清污整池 收虾之后，应将虾池及蓄水池、沟渠等内的积水排净，封闸晒池，维修堤坝、闸门，并清除池底的污物和杂物，特别要清除丝状藻。沉积物较厚的地方，清除后应翻耕暴晒或反复冲洗，促进有机物分解排出池外。

（2）消毒除害 清污整池之后，必须清除不利于对虾生长的敌害生物、致病生物及携带病原的中间宿主。具体做法为：池塘经过清污整池后通常可将池内水排至 10～20 厘米，药物溶于水后全池均匀泼洒，2 天后排干，再进水 20～30 厘米冲洗，2 天后再排干。消毒药物可选用生石灰或漂白粉，严禁使用已失效、对人畜有毒害的药品。生石灰：75～100 千克/亩，均匀撒布于池底及堤坝。漂白粉：每立方米水体加入含有效氯 25%～32%的漂白粉 100 克。

（3）纳水及繁殖基础饵料　清池1～2天后，可开始纳水，同时要重新培养基础生物饵料。在我国北方地区，水温在20℃以下时需20～30天；在我国南方地区，水温在20℃以上时常10天左右即可达到放苗要求。施肥时，不得使用未经国家或省级部门登记的化学或生物肥料。

（4）放苗条件　养成池水深应达1米以上，水质肥沃，生物饵料要以绿藻、硅藻、金藻类为主，水色为黄绿色、黄褐色、绿色。透明度在30厘米左右，水温达14℃以上为宜，盐度为32以下，池水盐度与虾苗培育池盐度差不超过5，养殖池水pH在7.8～8.6。虾池的饵料生物量达到100克/米^{2}以上时方可放苗。大风、暴雨天不宜放苗。

（5）放苗密度　可根据养殖条件适当增加或减少放苗量，通常每亩放养体长1厘米中国对虾"黄海6号"新品种虾苗6 000～10 000尾；体长2.5～3厘米的虾苗，亩放苗量为3 000～5 000尾。

3. 养殖管理

（1）换水　养殖前期可不换水，每日少量添加水（3～5厘米），直到水位达2米，保持水位。养殖中后期，采取少换缓换的方式，日换水量控制在5～10厘米。整个养殖期要保持水位在2米或2米以上，严防渗漏。

（2）使用增氧机　在正常情况下，放苗以后的30天内，每天开机2次，即在中午及黎明前开机1～2小时；养殖30～60天后可根据需要延长开机时间；养殖90天后，由于水体自身污染加大，对虾总重量增加，需要全天开机。在阴天、下雨天均应增加开机时间和次数，使水中的溶解氧始终维持在5毫克/升以上。

（3）使用益生菌制剂和消毒剂　养殖过程中，应按期经常使用光合细菌及其他有益的微生物制剂。在水温较高的7—8月，为降低水环境中的病原微生物数量，每7～10天可使用一次漂白粉（0.5～1毫克/升），如用二氧化氯等含氯消毒剂，应按生产单位提供的使用说明使用。可适量使用药饵，建议用抗菌抗病毒的中草药制作。

（4）饲料投喂　投喂次数：放苗后的第一个月，通常日投喂3～4次，每次投喂量分别为日投喂量的30%、30%、40%（投喂3次）或20%、30%、20%、30%（投喂4次）。随着对虾生长，投饲量加大，适当调整投喂次数。上午投喂量约占全天投喂量的40%，下午为60%。投喂量与投喂方法：养殖全程可投喂配合饲料，前期投喂量为体重的8%～10%，中期投喂量为体重的6%～8%，后期投喂量为体重的4%～6%；一般较好的配合饲料，可以按照饲料系数1.5控制总投喂量，有的饲料系数可降至1.2～1.3。也可养殖前期以投喂卤虫成体为主，养殖中后期以投喂鲜活蓝蛤为主，前期投喂量为体重的8%～10%，中期投喂量为体重的10%～15%，后期投喂量为体重的6%～

8%。严格监测对虾摄食情况，并及时调整。

（5）日常检测 每日凌晨及傍晚各巡池一次，测量水温、溶解氧、pH、透明度、盐度等水质因子。经常进行病毒病原检测，发现有患病对虾应立即处理。采用多点打网取样的方法，每5～10天测量一次对虾生长情况，每次测量随机取样不得少于50尾，定期估测池内中国对虾尾数。

4. 收获

一般中国对虾体长达到14厘米以上即可收获。根据生产情况、市场需求和天气情况决定对虾收获时间，宜采用闸门挂网放水收虾（适用于一次性收虾）或迷阵网（也称陷网，适用于多次收获）收虾。出池时按要求进行病原检测。

（二）主要病害防治方法

中国对虾养殖过程中常见的疾病主要有白斑综合征、肝胰腺细小病毒病、传染性皮下和造血组织坏死病及红腿病等。

1. 白斑综合征

【病因及症状】主要病因为 WSSV 感染。主要症状为发病虾厌食，空胃，行动缓慢，弹跳无力，静卧不动或在水面兜圈。头胸甲易剥离，甲壳上有十分明显的白斑，鳃水肿，肝胰腺肿大，对外界反应不敏感，对虾血淋巴不凝结，血细胞数量减少。

【流行季节】北方一般在6月上中旬开始发病，此时对虾体长5～7厘米。

【防治方法】以预防为主。繁殖时选用经检疫不带病原的健康虾作为亲虾，做好水体消毒。

2. 肝胰腺细小病毒病

【病因及症状】病因为肝胰腺细小病毒（HPV）感染。病虾无特有症状，只是食欲不振、行动不活泼、生长缓慢、体表附着物增多，偶然发现尾部肌肉变白。幼虾出现这些症状后很快死亡，有时会有继发性细菌或真菌感染。

【流行季节】幼体期病情较重，死亡率在50%～90%。

【防治方法】以预防为主。严格检疫，杜绝病原从亲虾或苗种带入。使用无病毒污染且经过过滤、消毒的海水。养虾池彻底清淤、消毒。稳定虾池理化因子和藻相，投放环境保护剂和有益细菌或活性生物制剂。饲料中添加0.2%～0.3%维生素 C。保持虾池环境稳定，加强巡池观察，不采用大排大灌换水法等。

3. 传染性皮下和造血组织坏死病

【病因及症状】病因为传染性皮下和造血组织坏死病毒（IHHNV）感染。主要症状为病虾摄食量明显减少，继而出现行为及外观异常。患病对虾缓慢上升到水面，静止不动，然后翻转腹部向上，并缓慢沉到水底（这种行为可反复进行并持续数小时），直到无力继续下去而死亡或被其他虾吞食。

【流行季节】对幼虾危害较大，养殖水体中养殖密度过大和水质恶化如低氧、高温、高氨氮和高硝酸盐等条件会激发低水平感染 IHHNV 对虾表现出症状，并使病原由携带者传播给健康虾，导致疾病的流行及感染程度加重。

【防治方法】以预防为主。加强对虾的检疫，对发病虾场及设施要进行彻底消毒；用 SPF 亲虾繁育；加大虾池及沟底水深，使之达到 1 米以上；保持一定换水量，控制虾苗及成虾养殖密度；发病季节注意及时镜检、观察并采取应对措施，加强管理。

4. 红腿病

【病因及症状】病因为细菌感染。已报道的病原有副溶血弧菌、溶藻弧菌、哈维氏弧菌、气单胞菌和假单胞菌等革兰氏染色阴性杆菌。最显著的外观症状为步足、游泳足、尾扇和触角等变为微红或鲜红色，以游泳足的内外边缘最为明显。有时，头部的鳃丝也会变黄或者呈现粉红色，严重者鳃丝溃烂。病虾一般在池边缓慢游动或潜伏于岸边，行动呆滞，在水中作旋转活动或上下垂直游动，不久即出现大量死亡。

【流行季节】流行季节为 6—10 月，8—9 月最常发生，南方可持续到 11 月。

【防治方法】可用生石灰、漂白粉或含氯消毒剂消毒。高温季节根据池底和水质情况，每亩水面可泼洒生石灰 5～15 千克。治疗可用氟苯尼考或者中草药。

四、育种和苗种供应单位

（一）育种单位

1. 中国水产科学研究院黄海水产研究所
地址和邮编：山东省青岛市市南区南京路 106 号，266071
联系人：孔杰
电话：13605426806

2. 唐山市曹妃甸区会达水产养殖有限公司
地址和邮编：中国（河北）自由贸易试验区曹妃甸片区曹妃甸综合保税区投资服务中心 B 座 3006‑19 号，063205
联系人：刘学会
电话：13932550111

（二）苗种供应单位

唐山市曹妃甸区会达水产养殖有限公司

地址和邮编：中国（河北）自由贸易试验区曹妃甸片区曹妃甸综合保税区投资服务中心 B 座 3006－19 号，063205

联系人：刘学会

电话：13932550111

五、编写人员名单

孔杰、孟宪红、栾生、陈宝龙、隋娟、李旭鹏、罗坤、曹宝祥、刘学会、曹家旺、傅强、代平、谭建

中华绒螯蟹 "金农1号"

一、品种概况

(一) 培育背景

中华绒螯蟹 (*Eriocheir sinensis*)，俗称河蟹，分类学上属甲壳纲、十足目、方蟹科、绒螯蟹属，是我国重要的经济水产动物，广泛分布于我国北起辽河，南至瓯江的沿海咸淡水和淡水水域。中华绒螯蟹在海水中繁殖、淡水中育肥，生活史仅有2年，主要分为育苗阶段、扣蟹培育阶段和成蟹养殖阶段。中华绒螯蟹生长发育离不开蜕壳，其一生经历多达18～21次蜕壳。野外环境中中华绒螯蟹的食性为杂食性，而成蟹人工养殖目前以投喂幼杂鱼为主，产业规模已达每年近80万吨，但配合饲料的贡献率不足30%。成蟹养殖中大量使用幼杂鱼，不但造成海洋渔业资源的破坏和病原微生物的引入，而且幼杂鱼营养不均衡导致河蟹体质和品质下降；此外使用幼杂鱼成本高于配合饲料，不利于产业今后机械化和智能化的发展方向。在配合饲料替代幼杂鱼的水产绿色健康养殖要求下，非常有必要培育适应全程投喂配合饲料的河蟹新品种，确保河蟹产业的可持续健康发展。

(二) 育种过程

1. 亲本来源

2009年从长江江都至泰州段水域收集中华绒螯蟹野生雄蟹，从江苏南京（高淳）、常州（金坛）地区收集中华绒螯蟹养殖雌蟹，共收集到1 024只个体，构建偶数年基础群体。2010年以同样配组办法收集956只个体构建奇数年基础群体。亲本选择标准为体格健壮无疾患、肢体无残缺、性腺发育良好、体型体色符合中华绒螯蟹典型特征，其中雄性体重大于200克，雌性体重大于150克。

2. 技术路线

中华绒螯蟹 "金农1号" 培育技术路线见图1。

3. 培（选）育过程

2009年底，在长江下游江都至泰州段水域采集中华绒螯蟹野生雄蟹，在

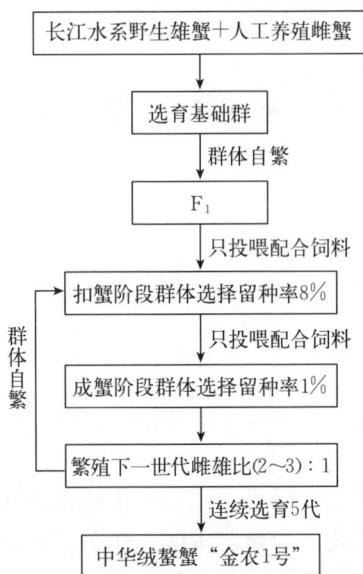

图 1　中华绒螯蟹"金农 1 号"培育技术路线

常州（金坛）和南京（高淳）地区采集中华绒螯蟹人工养殖雌蟹，构建选育基础群体，共计 1 024 只，其中雄蟹 493 只，雌蟹 531 只，雄性体重大于 200 克，雌性体重大于 150 克，分别于 2010、2012、2014、2016、2018 年繁殖获得 F_1、F_2、F_3、F_4 和 F_5，称为偶数年选育系。2010 年底，在长江下游江都至泰州段水域采集中华绒螯蟹野生雄蟹，在常州（金坛）和南京（高淳）地区采集中华绒螯蟹人工养殖雌蟹，构建选育基础群体，共计 956 只，其中雄蟹 452 只，雌蟹 504 只，雄性体重大于 200 克，雌性体重大于 150 克，分别于 2011、2013、2015、2017、2019 年繁殖获得 F_1、F_2、F_3、F_4 和 F_5，称为奇数年选育系。

从扣蟹培育阶段至成蟹养成阶段，在全程只投喂人工配合饲料的条件下（禁止使用幼杂鱼和原粮），以生长速度为主要目标性状，采用群体继代选育技术，选留生长快（体重大）的个体。由于中华绒螯蟹生活史为 2 龄，分两个阶段养殖，亲蟹繁殖后死亡，故在每个世代的选育过程中，分别在扣蟹（1 龄蟹种）阶段和成蟹（后备亲蟹）阶段，对选育系进行两次选择。第一次选择在 1 龄蟹种阶段的 1—3 月进行，以扣蟹规格（体重）为选留指标，留种率为 8%，选择强度为 1.84；第二次选择为后备亲蟹的选择，在 11—12 月进行，以成蟹生长速度（体重）为选留指标，此阶段的留种率为 1%，选择强度为 2.64。经过连续 5 代在人工配合饲料养殖条件下的群体继代选育，培育出适应全程配合饲料养殖的中华绒螯蟹新品种"金农 1 号"，它特指 2018 年选育的偶数年 F_5

和2019年选育的奇数年F_5。

（三）品种特性和中试情况

1. 品种特性

（1）**生长速度快**　在全程投喂配合饲料的相同养殖条件下，中华绒螯蟹"金农1号"与其他中华绒螯蟹品种相比，17月龄体重提高12.41％。

（2）**配合饲料适应性强**　适应全程投喂配合饲料，与对照品种相比，饲料消化率提高12.85％以上，对配合饲料的适应性显著增强，产量、规格和回捕率显著提高。

2. 中试情况

2019—2021年，陆续在江苏和安徽等地池塘进行不同养殖模式的生产性对比试验，"金农1号"和对照品种分别投放229.3万只，养殖面积分别为2 075亩。多个试验结果显示，"金农1号"具有生长速度快、回捕率高、规格整齐度好等优良性状，经与对照品种相比，生长速度提高12.41％～18.04％，已适应全程投喂配合饲料的养殖模式，产量、规格和效益增产效果明显。

二、人工繁殖技术

（一）亲本选择与培育

1. 亲本选择

亲本来源于选育单位或正规渠道购买的中华绒螯蟹"金农1号"亲本，在全程投喂配合饲料的条件下，挑选优良个体，雄蟹250克以上，雌蟹200克以上，雌雄比例2.5∶1左右，要求体格健壮无疾患、肢体无残缺、性腺发育良好、体型体色符合中华绒螯蟹典型特征。

2. 亲本培育

（1）**培育环境**　从后备亲蟹池（淡水）选择的用于繁殖的亲本，运输到海边亲蟹培育池（海水）强化培育7～10天，要求交通方便、海水无污染、淡水资源丰富，亲蟹培育池面积以4～5亩为宜，池深1.5～2.0米，适宜的盐度为18～25。

（2）**饲养管理**　投喂高质量的亲蟹配合饲料，粗蛋白含量在42％以上（以动物蛋白为主），粗脂肪含量在10％以上。每天投喂两次，视温度和摄食情况调整投饵量，总投饵率一般为体重的1％～3％。每隔3天加注新水，保持池水清新，促进亲蟹性腺发育进一步成熟。

（二）人工繁殖

1. 亲蟹交配

有条件的可使用专门的亲蟹交配池，也可使亲蟹在培育池中交配。雌雄比例为（2～3）：1，投放数量为 600～800 只/亩。发育良好的雌雄亲蟹，受到刺激后最快 24 小时左右开始交配产卵，1～2 个月后排干池水捉走全部雄蟹，原池保留雌蟹。

2. 抱卵蟹的饲料管理

投喂高质量的亲蟹配合饲料（以动物蛋白为主，粗蛋白含量在 42% 以上，粗脂肪含量在 10% 以上），日投喂量为体重的 1%～3%，分 1～2 次进行投喂。每 2 周换水 1 次，保持池水清新，视温度情况保持水位在 1.0～1.5 米。每天巡塘，检查胚胎发育情况。当卵粒逐渐透明、出现眼点和心跳，预示溞状幼体 2～3 天可出膜，提示需要挂笼。

（三）苗种培育

1. 蟹苗培育

（1）培育池准备　培育池要求水源充足、进排水方便、池底平坦，面积 4～6 亩为宜，池水深度为 1 米。年底排干池水暴晒和冰冻，挂笼前 15～20 天用漂白粉清塘消毒，用量为 50～100 千克/亩。挂笼前 10～15 天用有机肥肥水，培育以小球藻为主的单细胞藻类。有条件的配一定量轮虫培育池，批量培育轮虫，为育苗期提供充足的生物饵料。

（2）抱卵蟹挂笼　每年 4 月上旬或中旬，挑选胚胎发育同步性好的抱卵蟹，装笼挂在育苗池中，挂笼密度为 35～45 只/亩。每天检查抱卵蟹排幼情况，当 60%～80% 的抱卵蟹已排幼，将未排幼的抱卵蟹移至空池待产，避免原池溞状幼体发育不同步。

（3）幼体管理　溞 1 以食天然基础饵料为主，增加投喂轮虫等饵料，分 2～3 次泼洒。溞 2～溞 5，以投喂轮虫为主。水质调控以加注新鲜海水为主，逐步增高水位，透明度 50 厘米为宜，溶解氧不低于 6 毫克/升。每天巡塘多次，观察幼体的摄食、生长发育同步性、病害、水质等，及时采取措施。

发育至大眼幼体后 2～3 天，采用密网拉网方式，把大眼幼体置于淡化池中淡化，24 小时不间断充氧，池水盐度 3～5 天内递降至淡水范围，淡化期间继续投喂轮虫。

2. 蟹种培育

（1）池塘设施与条件　池塘以长方形为宜，南北向为佳，整体规范整齐，进、排水方便。池底平坦，保留淤泥 20 厘米左右，底质以黏壤土为宜。面积通常为10～15亩，平均水深2米以下，以1.0～1.5米为宜，塘埂坡比1∶（2～3）。水源充沛，水质清新、无污染。池塘四周用钙塑板、石棉板、玻璃钢、白铁皮和厚尼龙薄膜等材料做好防逃设施，将材料埋入土中20厘米，高出埂面60厘米，每隔1米用水泥桩、木桩、铁钢筋、玻璃钢等材料支撑，四角做成圆角，防逃设施内留出0.5～1.0米的堤埂。放养前1个月进行清池消毒，每亩用生石灰150～200千克，兑水化浆后全池泼洒。

（2）大眼幼体放养前准备　池塘暴晒期间即可移栽水花生，使其在水面覆盖率达30%～50%，水花生扎根后可避免在水面漂浮，大眼幼体放养后再适量种植伊乐藻、轮叶黑藻等水草。放养前10天，以发酵后的有机肥和氨基酸肥水膏等肥水，使水体"肥、活、爽"，培育浮游生物。放养前，每天检测水质，如氨氮、溶解氧、亚硝酸盐、硫化氢等指标。视水质情况，用一些底质改良化合物和微生物制剂调水。大眼幼体到达前5～10小时，通过微孔增氧或机械增氧使池水充分增氧，防止大眼幼体下塘后缺氧死亡。另外全池泼洒维生素C，提高大眼幼体抗应激能力。

（3）扣蟹培育　大眼幼体淡化时间以5～6天为佳，放养密度一般每亩1.5～2.5千克为宜。大眼幼体有很强的趋光性，晚上可以用灯光诱使其聚集，通过每个池塘多个观察点大概估测大眼幼体的密度，如若发现大眼幼体聚集慢、密度不高，须及时补充新苗，以免造成损失。

大眼幼体下塘后的3天内一般以水中的浮游生物为食，此时应确保池中有足够的天然饵料供大眼幼体捕食。大眼幼体蜕壳变为Ⅰ期仔蟹之后，应适时投喂蛋白含量为42%左右的蟹苗专用料。每天按体重的100%投喂，少量多次为宜。Ⅰ～Ⅲ期仔蟹，确保人工饵料充足，营养全面。溶解氧应保持在5毫克/升以上，微孔增氧与加注新水等措施应到位。透明度30厘米以上，并按时施用EM菌等微生物制剂及其他调水改底生物制剂。培育初期保持良好的水质，可显著提高仔蟹的成活率。合理投饵，前期按体重的20%，以后逐渐减少投喂量，一般控制在8%～10%。盛夏季节，增加水深，降低幼蟹的积温。每半个月换水一次，并按时施用EM菌等微生物制剂及其他调水改底生物制剂。重点预防纤毛虫病、肠炎病和烂肢病等，并预防凶猛鱼类、鸟类等敌害。9—10月，用地笼张捕早熟蟹。越冬前升高水位，气温高时适量喂料。

三、健康养殖技术

（一）健康养殖（生态养殖）模式和配套技术

1. 池塘条件

应选择水源充足、无污染、进排水方便的地方开挖土质池塘，同时要求交通便捷、通风良好、环境幽静。池塘以长方形为宜，南北向为佳，池底坡比1∶（3～4）；池底平坦，保留淤泥5～15厘米；面积以15～30亩为宜；养殖期间保持水深1.0～1.5米。进排水口设置在池塘对角线上，进水口位于池塘的最高处，用筛孔直径为425微米的双层筛网过滤；排水口在池塘的最低处，也用筛孔直径为425微米的双层筛网过滤；进水管道与排水管道分开。池塘四周用厚塑料膜、塑料板等设置防逃设施，材料埋入土中20厘米，高出埂面50厘米，每隔1米用水泥桩、木桩等支撑，四角做成圆角，防逃设施内留出1米宽的堤埂。

2. 蟹种放养前的准备

冬季排干池水晒塘，蟹种放养前1个月用生石灰清塘消毒，用量为水深40厘米每亩用生石灰100～150千克，兑水化浆后全池泼洒。选择伊乐藻、轮叶黑藻为种植对象，以伊乐藻为主、轮叶黑藻为辅。水草栽种面积以水面的60%左右为宜。放蟹种前15天施用氨基酸、腐殖酸等生物有机肥肥水，并投放小球藻等藻种以培育藻类等浮游生物。每亩水面配0.2～0.4千瓦微孔增氧设施，安装在离池底约10厘米的位置。

3. 池塘成蟹配合饲料养殖

（1）蟹种投放　投放优质扣蟹，宜原地培育。蟹种放养时间为2月中下旬至3月上旬，放养密度为800～1 000只/亩，蟹种规格为100～150只/千克，要求规格整齐，肢体健全，活力好，无病，无性早熟等症状。以白天放为宜，以蟹种自行爬入池中为好。

（2）饲料投喂　成蟹养殖过程中，只投喂人工配合饲料。饲料为硬颗粒料或膨化沉性料，饲料质量应符合GB 13078—2017和SC/T 1078—2004的要求。投喂符合"四定"原则。定时：每天17:00—18:00投喂1次，其中9—10月可每天投2次，6:00—7:00、17:00—18:00各1次，上午投喂量为全天量的30%，下午为70%，恶劣天气停喂。定点：早期3—4月沿塘边投饵，5—6月于环沟两边投饵，7—10月全池投饵。定质：随河蟹生长期的不同，提供质量好、营养足的饲料。定量：根据河蟹生长阶段和生长情况确定日投饵量，一般投饵量为体重的1%～8%，并根据天气和河蟹摄食情况增减。投喂方法：3—5月使用粗蛋白含量为42%、粗脂肪含量为7%的河蟹专用饲料，水温达到10℃以上时就开始投喂，主要是在浅水区投喂，日投饵量为体重的1%～3%。6—8月使用粗蛋白含量为36%、粗脂肪含量为9%的河蟹专用饲料，主要在深水区投喂，因此季节水温高、水质差，投饵量宜少不宜多，以体重的3%～5%为宜。9—11月使用粗蛋白含量为42%、粗脂肪含量为11%的河蟹专用饲料，此阶段是河蟹快速生长的重要时期，能量在肌肉、肝胰腺和性腺积累，日投饵量为5%～8%。

（3）水质管理　水质前期稍肥，中后期瘦，总体要"活、嫩、爽"。水位前期浅，中期满，后期稳，透明度在 40～50 厘米，周围要安静。水质指标要求：溶解氧＞5 毫克/升，水温 25～28 ℃，pH 7.5～8.5，氨氮＜0.1 毫克/升、亚硝酸盐＜0.01 毫克/升，硫化氢＜0.1 毫克/升。每周检测池塘的氨氮、亚硝酸盐、pH、溶解氧等指标，发现异常，及时采取加水和换水等措施改善水质。6—8 月每天夜里增氧机工作不少于 6 小时。在正常生产季节，特别是高温季节，每隔 10～15 天按 1 毫克/升的浓度全池泼洒改良底质的微生物制剂（如芽孢杆菌等）一次。如果底质发黑、变坏或中华绒螯蟹于半夜爬上水草不沉底，应及时全池泼洒改良底质的微生物制剂和颗粒增氧剂。

（4）水草维护　池底水草应呈带状分布，保证中华绒螯蟹在池底有一定的活动空间和食场。高温季节前要对伊乐藻进行多次收割，保持水草距水面 30 厘米左右；轮叶黑藻高温季节会出现过密情况，采取打通道的方法疏通。池塘的水草覆盖率以 60%～70% 为宜。如果水草浮起或腐烂，应及时捞起，防止破坏底质环境。成蟹蜕壳 5 次后，应及时清除过多的水草，减小水草覆盖面积，便于捕捞及保持河蟹品质。

（二）主要病害防治方法

目前常见的疾病有肠炎病、颤抖病、纤毛虫病、蜕壳不遂病、水瘪子病、黑鳃病等，一旦发现病害应及时诊断及对症处理。主要防治措施有：①加强亲本和苗种检疫；②彻底清塘消毒；③流行季节定期消毒；④定期调水改底，防止烂草，抑制蓝藻；⑤梅雨和高温季节，保持充足溶解氧；⑥不投腐败变质的饲料；⑦饲料中添加中草药，提高机体免疫力；⑧每天巡塘，发现病蟹、死蟹及时处理，对症下药。

四、育种和苗种供应单位

（一）育种单位

1. 南京农业大学

地址和邮编：江苏南京市玄武区卫岗 1 号，210095

联系人：张定东

电话：13851494442

2. 江苏海普瑞饲料有限公司

地址和邮编：江苏兴化市经济开发区经一路纬四路，225700

联系人：强发旗

电话：13805195378

3. 江苏华海种业科技有限公司

地址和邮编：江苏南京市高淳区阳江镇永胜圩湖心路 2 号，211313

联系人：强发旗

电话：13805195378

（二）苗种供应单位

东台海普瑞虾蟹苗种有限公司

地址和邮编：江苏东台市弶港镇条子泥，224237

联系人：仲伟涛

电话：13851241368

五、编写人员名单

张定东、刘文斌、强发旗、蒋广震、李向飞

环棱螺"蠡湖1号"

一、品种概况

(一) 培育背景

环棱螺（*Bellamya*）俗称螺蛳、豆田螺、石螺，是中华绒螯蟹、青鱼、宽体金线蛭及部分水禽的天然优质饵料及柳州螺蛳粉的重要原料之一。环棱螺在我国分布广泛，主要生活在淡水湖泊、河流和池塘内，喜欢集群栖息于底层或水草上。环棱螺肉可供食用，是市场销售鲜螺及出口冻螺肉的主要种类。环棱螺在生态环境治理及湿地生态保护中也有广泛应用。螺蛳粉行业每年需要环棱螺近 100 万吨。发展环棱螺养殖产业是积极落实"大食物观"的重要内容和促进乡村振兴的抓手之一。

随着"长江大保护"不断深入，过度捕捞野生螺蛳的违法行为得到了有效遏制。但为了使下游产业摆脱近乎完全依赖野生资源的窘境，同时避免因捕捞环棱螺野生资源对当地湿地生态系统造成干扰和影响，必须加快开展环棱螺规模化繁养工作。由于野生环棱螺存在生长慢、规格不整齐等缺点，中国水产科学研究院淡水渔业中心以环棱螺属中个体最大的种——梨形环棱螺（*Bellamya purificata*）为对象，培育生长速度快的新品种，为环棱螺规模化繁养提供种源。

(二) 育种过程

1. 亲本来源

以江苏无锡芙蓉湖（120.20°E、31.79°N）采集到的 10 万只环棱螺野生亲本作为基础群体。随机抽取 10% 的个体作为对照群体，体重为（4.28±1.16）克，壳宽为（1.63±0.14）厘米。同时选择体重（5.52±1.18）克、壳宽（1.85±0.16）厘米的大规格个体 1 万只作为后续选育用亲本群体。采用随机交配进行自群繁育。

2. 技术路线

环棱螺"蠡湖1号"培育技术路线见图 1。

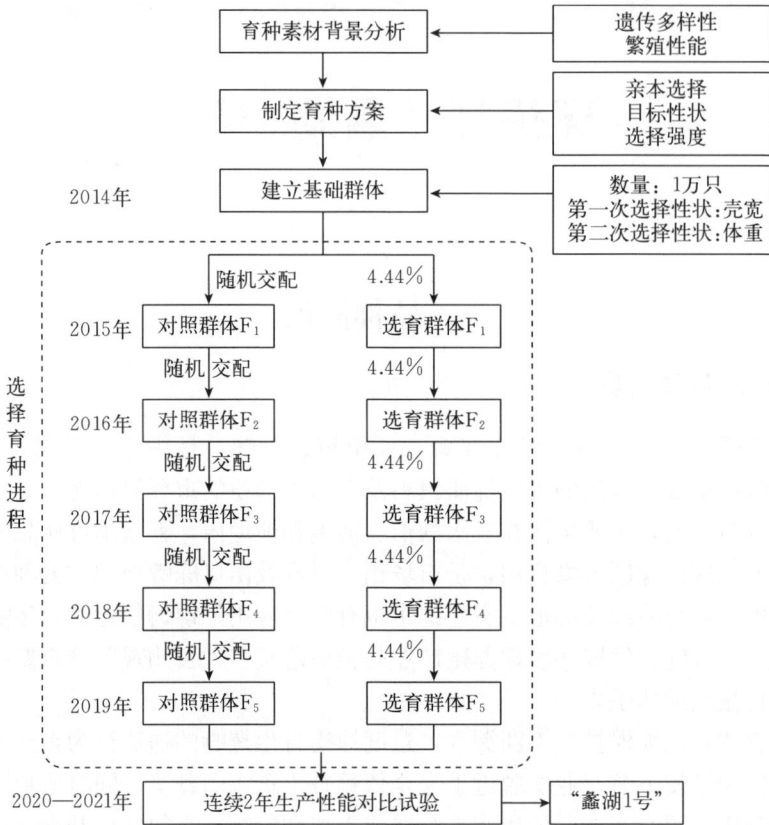

图 1 环棱螺"蠡湖 1 号"培育技术路线

3. 培（选）育过程

2014 年，建立基础群体（F_0 世代）；2015 年，以上一代构建的选育群体作为亲本，以体重和壳宽为选育指标，以 4.44% 的留种比例选出 10 000 只体重大的个体（雌雄比为 3:1）作为繁殖用亲本，选择强度为 2.116，开展第一代的群体选育（F_1 世代）；2016 年，开展第二代群体选育（F_2 世代）；2017 年，开展第三代群体选育（F_3 世代）；2018 年，开展第四代群体选育（F_4 世代）。2019 年，开展第五代群体选育（F_5 世代）。经过连续 5 代群体选育，F_5 代选育群体形成生长速度快的环棱螺新品种，命名为环棱螺"蠡湖 1 号"。2020—2021 年开展生产性应用示范，验证了环棱螺"蠡湖 1 号"在生产上应用的效果。

（三）品种特性和中试情况

1. 品种特性

在相同的养殖环境下，环棱螺"蠡湖 1 号"与野生群体相比，生长速度明显提高，其中体重提高 28.5%，壳宽提高 10.1%。适于在江苏、湖北、安徽、浙江、江西、广西等省份人工可控水体中进行养殖，也可在室内循环水工厂化养殖。

2. 中试情况

2020—2021 年，陆续在江苏、江西、湖北等地区进行了生产性试验，累计试验面积 2 455 亩。试验结果表明，环棱螺"蠡湖1号"的生长性状良好，与野生环棱螺相比，环棱螺"蠡湖1号"具有生长快、存活率高的特点。其中体重提高 28.5%，壳宽提高 10.1%。

二、人工繁殖技术

（一）亲本选择与培育

1. 亲本选择

（1）年龄　人工繁殖用种螺的适宜年龄在 3 月龄以上。

（2）个体大小　繁殖用种螺的壳宽要求在 1.0 厘米以上，体重超过 2.5 克。

（3）健康状况　外壳无破损，壳顶无磨损、腐蚀、发白。厣中部不凹陷，整个厣平直。受刺激后，螺缩回壳内时厣甲刚好盖住壳口或略收缩。

（4）体态、行为及对刺激的反应程度　离水阴干一段时间后，再入水能迅速散开。

（5）雌雄配比　随机交配群体中雌雄比约为 3∶1。壳尖端朝向观察者，右触角弯曲者为雄性个体，不弯曲者为雌性个体。

2. 亲本培育

（1）培育环境　雌雄混养，密度不超过 2.5 千克/米³。水温 15 ℃以上时开始投喂豆浆。投喂量按体重的 2%～3% 计算，每 3 天投喂一次。保证水体溶解氧在 5 毫克/升以上。根据厣甲是否平整和收缩情况增减投喂量。

（2）水温　水温 15～30 ℃。

（3）换水　有条件的养殖场可以保持微流水。投喂豆浆时可以暂停流水，投喂豆浆 2 小时后，水体透明即可开启微流水。

（二）人工繁殖

1. 种螺产仔

环棱螺"蠡湖1号"可用阴干 8 小时、升温 3～5 ℃、流水刺激等方法进行催产。种螺养殖水体中可投放附着基，增加种螺活动空间，同时为仔螺提供休息、索食场所。

2. 仔螺收集

定期将种螺培育池中的附着基取出,将附着基上的仔螺收集至苗种培育池进行营养强化培育。仔螺会倒吸在水体表面随水流运动,这个阶段需要注意避免培育池渗漏或加水过多而溢出。

(三)苗种培育

环棱螺为卵胎生。适宜水温 15～30 ℃。仔螺出生后就能自由索食,可以用少量多次的方法投喂豆浆以促进仔螺生长。根据厣甲和螺身体收缩情况增减投喂量。新生仔螺前 3 个月是快速生长期,因此苗种阶段应保质保量供应豆浆。在 1.5 月龄(壳宽约 5 毫米)时,可以分批疏苗,分不同规格进行苗种培育。根据仔螺规格大小增减豆浆投喂量。

三、健康养殖技术

(一)健康养殖(生态养殖)模式和配套技术

该品种适宜在我国内陆人工可控的淡水养殖水体中养殖,健康养殖水质指标见表1。

表1 环棱螺"蠡湖1号"健康养殖水环境控制指标

环境参数	适宜指标	控制范围
温度	15～30 ℃	
溶解氧	5 毫克/升以上	长时间不得低于 4 毫克/升
pH	6.5～7.5	
氨	非离子态小于 0.1 毫克/升	总氨氮不得大于 2 毫克/升
透明度	20～30 厘米	20～100 厘米

适合各种混养模式,以下为土塘生态养殖模式的配套技术,其他模式可参考执行。

1. 养殖放苗前的准备工作

(1)池塘条件 环棱螺养殖池要求选择在水源充足、水质良好、腐殖质土的地方建设。养殖池一般宽 10～20 米,长 40～50 米,池四周作埂,池子一端边角设进水口,另一端对角设出水口,四周设防逃网,水深 150～200 厘米。

(2)清污整池 将养殖池、蓄水池及沟渠等积水排净,封闸晒池,维修堤坝、闸门,并清除池底的污物杂物。沉积物较厚的地方,清除后应翻耕暴晒或反复冲洗,促进有机物分解并排出池外。

（3）消毒除害　清污整池之后，对养殖池、蓄水池及所有渠沟进行消毒，清除细菌、病毒及其他有害微生物。消毒药物可选用生石灰、含氯消毒剂、含碘消毒剂、氧化剂等，药物严格按使用说明应用。消毒方法通常采用水溶液消毒，可将池内注水10～20厘米，药物溶入水后搅拌均匀，并将药物泼到药水溶液浸泡不到的堤坝等地方。

生石灰用量：每亩水体用量为150千克，均匀撒入池中。可杀灭鱼、虾及微生物。如池底为酸性土壤，可酌情加大生石灰用量。

（4）纳水及培育基础饵料　根据水源及水处理条件决定蓄水时间。如果水源比较清洁，进水前几天蓄水即可，但如果水源水质复杂，则需要提早向蓄水池进水。养殖池消毒结束1～2天后可开始纳水，进水口用200目筛绢网过滤。池内水深40～50厘米时，即开始繁殖微藻、有益细菌及小型微型底栖动物等生物，主要措施是施用肥料、有益细菌制剂。日平均水温在20℃以上时（通常10天以后），水色及透明度即达到放苗要求，即可开始放苗。适当增加繁殖基础饵料的时间，对增加池内基础饵料数量有重要作用。

2. 养成培育

可根据每个养殖场的具体情况，选择放养强化培育的仔螺或者种螺（产仔）。

（1）放苗数量　每亩放仔螺20万～30万只或种螺250～400千克。

（2）投饲料　投喂配合颗粒饲料、发酵饲料、切碎的新鲜菜叶、玉米、米糠、豆粕、菜饼、蚯蚓、鱼虾杂碎等，以及新发酵秸秆、农家肥、有机肥及稻田中的浮游生物、杂草、稻花等。

投饲量宜为梨形环棱螺总重的1%～3%，2～3天投喂1次，并根据梨形环棱螺的生长和摄食情况调整投喂量，水温低于15℃或高于30℃无须投喂。

（3）日常管理　坚持每天巡查1次，观察水位、水质、梨形环棱螺摄食与生长等情况，发现问题及时处理。养殖期间适时加注新水或保持微流水状态。水体透明度保持在20～40厘米。

（4）收获　缓慢排水，保留水深10厘米，然后沿池塘四周内侧1.0米处投放诱捕饲料团块（用黏合剂与发酵秸秆或炒米糠做成团块饲料），每隔1.0～1.5米投1团，每天用尼龙筛绢手抄网抄捕环棱螺2～3次，直至捕捞大部分环棱螺。

（二）主要病害防治方法

1. 防鼠、蛇、水禽、野杂鱼

养殖场地四周设置防护网，网片材料为镀锌钢丝、尼龙网等，网目2.0厘米，网片高90厘米，地下埋深10厘米，地上高80厘米，每间隔1.5米用桩基固定。进水口严格用200目筛绢过滤。

2. 防缺钙症

每 15～20 天施用生石灰 1 次，每亩稻田泼洒生石灰 15 千克；每 15～20 天在发酵饲料中拌喂有机钙 1 次，每千克饲料添加量 100 毫克，连喂 3 天。

3. 防蚂蟥

用浸过猪血的草把诱捕。

4. 防青苔

每亩放养 10～15 厘米的草鱼 15～20 尾。

四、育种和苗种供应单位

（一）育种单位

1. 中国水产科学研究院淡水渔业研究中心

地址和邮编：江苏省无锡市滨湖区雪浪街道任宾路 69 号，214128

联系人：金武

电话：15852843536

2. 华中农业大学

地址和邮编：湖北省武汉市洪山区狮子山街 1 号，430070

联系人：曹小娟

电话：13006151853

3. 江西省水产科学研究所

地址和邮编：江西省南昌市高新区富大有路 1099 号，330096

联系人：王海华

电话：15607911372

4. 广西壮族自治区水产科学研究院

地址和邮编：广西壮族自治区南宁市青山路 8 号，530020

联系人：彭金霞

电话：15296542850

5. 无锡市水产畜牧技术推广中心

地址和邮编：江苏省无锡市梁溪区永丰路石子街 63 号，214021

联系人：张宪中

电话：13806185344

（二）苗种供应单位

中国水产科学研究院淡水渔业研究中心

地址和邮编：江苏省无锡市滨湖区雪浪街道任宾路 69 号，214128

联系人：金武
电话：15852843536

五、编写人员名单

金武、闻海波、马学艳、曹小娟、王海华等

青蛤"江海大1号"

一、品种概况

（一）培育背景

青蛤（*Cyclina sinensis*）属于瓣鳃纲、帘蛤目、帘蛤科、青蛤属，俗称黑蛤、铁蛤、牛眼蛤等。青蛤含有丰富的蛋白质，人体所需的多种维生素和必需氨基酸，以及 EPA、DHA、ARA 等高不饱和脂肪酸。青蛤属埋栖型贝类，对温度和盐度有较强的适应性，适宜生长温度为 $10\sim28\ ^\circ\text{C}$，盐度为 $15\sim32$。青蛤是沿海地区重要的海产经济物种，在滩涂贝类增养殖中占有重要地位，在辽宁、河北、天津、山东、江苏、浙江、福建、广东、广西和海南等地已开展广泛的养殖和浅海增殖。青蛤市场需求巨大，但缺乏优良品种。由于养殖周期长，一年内难以上市，大大增加了养殖成本，严重制约了该产业的发展。目前用于繁殖的亲本未经选择且遗传背景不明，不仅为青蛤优良苗种繁育带来了风险，还导致种苗混杂、抗性下降、病害频发、商品性能降低等问题。遗传育种可以从遗传上改良生物性状，提高生物的生产性能。群体选育作为传统育种技术，简单、直观、易操作，仍是常用且有效的育种技术。种业是国家战略性、基础性核心产业，是农业科技进步的重要载体。为突破青蛤养殖业瓶颈，满足市场需求，选育具有个体大、生长速度快等优良生产性能的青蛤新品种意义重大。

（二）育种过程

1. 亲本来源

2007 年采集江苏东台青蛤野生群体和海南铺前湾青蛤野生群体，在连云港养殖池塘进行同环境驯养 1 年以上。2008 年 7 月，选择江苏东台野生青蛤 316 粒和海南铺前湾野生青蛤 298 粒作为亲本。

2. 技术路线

青蛤"江海大 1 号"培育技术路线见图 1。

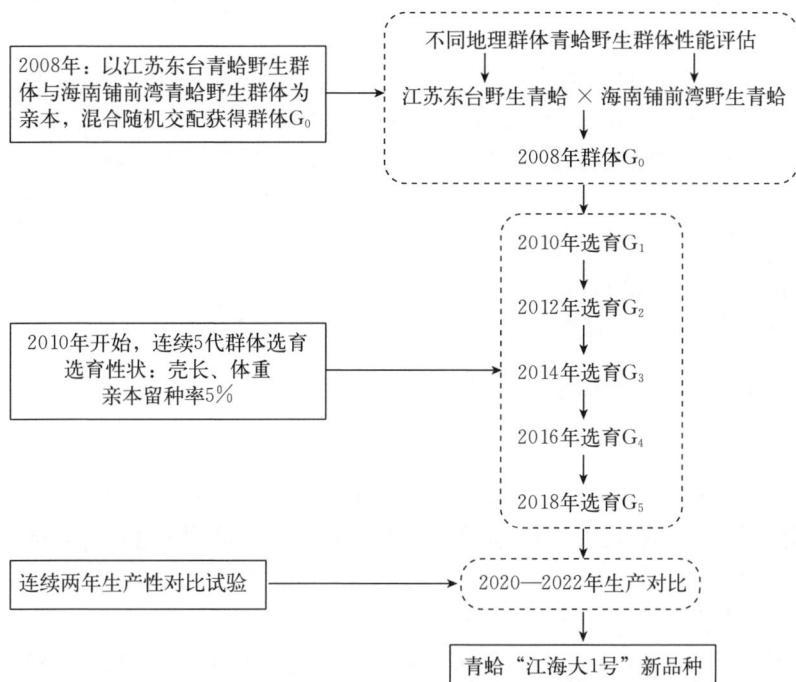

图 1　青蛤"江海大 1 号"培育技术路线

3. 培（选）育过程

（1）2007 年 4—5 月，采集江苏省东台青蛤野生群体 6 519 粒和海南铺前湾青蛤野生群体 6 120 粒，于连云港育种基地养殖池塘进行同环境驯化养殖。2008 年 7 月，共采捕江苏东台青蛤 6 327 粒和海南铺前湾青蛤 5 973 粒，运送至育种基地。按照 5％留种率，选取活力好、形态正常、个体大的江苏东台青蛤亲本 316 粒、海南铺前湾青蛤亲本 298 粒。将两个群体亲本随机混合后分为 2 组，分别进行混合随机交配得到 G_0 群体。

（2）2010 年 7 月，于亲本养殖基地随机采集 G_0 群体青蛤 9 812 粒，以壳长和体重为选育目标，按照 5％留种率选取个体大、壳形态正常的 490 粒青蛤作为下一代选育亲本。分成两组分别进行催产，群体内随机交配获得 G_1 群体。

（3）2012 年 7 月，随机采集经过两个冬季养殖的 10 135 粒 G_1 群体青蛤，以壳长和体重为选育目标，按照 5％留种率选取个体大、壳形态正常的 506 粒作为亲本，群体内随机交配获得 G_2 群体。

（4）2014 年 7 月，于亲本保种基地随机采集近 2 龄的 G_2 群体青蛤 9 247 粒，以壳长和体重为选育目标，按照 5％留种率选取个体大、壳形态正常的

462 粒青蛤作为下一代亲本。分别于 2 个育苗池中催产，群体内随机交配获得 G_3 群体。

（5）2016 年 7 月，随机采集 G_3 群体青蛤 11 586 粒，以壳长和体重为选育目标，按照 5％留种率选取个体大、形态正常的 579 粒青蛤作为选育亲本。分为 2 组后于不同育苗池中同时催产，群体内随机交配获得 G_4 群体。

（6）2018 年 7 月，随机采集 G_4 群体青蛤 11 495 粒，以壳长和体重为选育目标，按照 5％留种率选取个体大、形态正常的 574 粒青蛤作为下一代亲本，群体内随机交配获得 G_5 群体。

2018 年 7 月，完成连续 5 代选育，选育出青蛤"江海大 1 号"。

（三）品种特性和中试情况

1. 品种特性

在相同养殖条件下，与未经选育的青蛤相比，青蛤"江海大 1 号"生长性能提升明显，个体大、生长速度快，18 月龄商品贝壳长和体重分别提高 17.11％和 40.34％。

2. 中试情况

2020—2022 年，在山东、江苏、浙江进行连续两年的池塘养殖对比试验，累计试验面积 1 000 亩。试验结果表明，"江海大 1 号"壳长和体重性状能够稳定遗传，与未经选育的青蛤相比，壳长和体重分别提高 17.11％和 40.34％。个体大、生长速度快，增产效果明显。

二、人工繁殖技术

（一）亲本选择与培育

1. 亲本选择

亲本为 2～3 龄个体，多选择壳长 3.5 厘米以上、活力好、外观无破损或畸形、性腺发育饱满的青蛤"江海大 1 号"。

2. 亲本培育

（1）培育环境　亲本有单独的培育池塘，亲本放入前要进行清塘、晒底、敌害消杀等工作。养殖用水要求水质优良稳定，繁殖季节海水盐度 15～32，水温 22～32 ℃，pH 7.5～8.3。养殖池塘要配有增氧机，溶解氧不低于 5 毫克/升。育肥期间温度不低于 22 ℃，避免水温波动较大导致精卵过早排放。青蛤喜食硅藻，养殖水体要有丰富的饵料微藻，无有害藻类。

（2）饲养管理　定期监测养殖池塘海水盐度、温度、pH 等理化指标，做好预报。亲本育肥期间池塘中的饵料生物至关重要，能直接决定亲本性腺发育质量。青蛤主要滤食水中的微藻和有机碎屑，养殖池塘饵料生物充足，青蛤才能生长快、发育好。养殖池塘中滩面水保持在 50～60 厘米，透明度保持在 25～30 厘米。透明度太高时要进行肥水，保证有益藻类繁殖，尤其在 5—9 月要保障充足的饵料。对池塘内的敌害性螺类、虾虎鱼、蟹类等要经常采捕、驱赶或进行药物防治。有害藻类如浒苔等会与饵料生物竞争营养，要及时清理。青蛤的细菌性疾病也要重视，定期消毒，及时换水，做好防治。繁殖季节要定期观察亲贝性腺发育情况，防止错过最佳催产时间。

（二）人工繁殖

青蛤"江海大1号"可用阴干加流水刺激的方法进行催产。先将亲贝在阴凉通风处阴干 4～8 小时，然后再将亲本置于产床上，底部充气形成上升流模拟流水刺激。性腺发育饱满的亲贝流水刺激 2～3 小时即可排精、产卵。受精卵密度控制在 20～40 个/毫升为宜。温度在 26～32 ℃时，受精卵经过 12～14 小时便可进入 D 形幼虫期，此时要及时投喂开口饵料。

（三）苗种培育

（1）幼虫培育　胚胎期至担轮幼虫期的幼虫靠自身营养发育，进入 D 形幼虫期开始摄食。此时要及时投喂饵料，开口饵料粒径要小，如金藻等，投喂量为 $(1～2)×10^4$ 个细胞/毫升。培养密度不宜过高，一般 10～15 个/毫升。D 形幼虫后期幼虫变大，长出面盘，摄食能力也增强，此时要投喂复合饵料，可投喂角毛藻、小球藻、扁藻等，投喂量为 $(6～9)×10^4$ 个细胞/毫升。培养密度在 8～10 个/毫升。养殖期间每天换水 1 次，每次换水量 50%，持续充氧。

（2）稚贝培育　环境适宜时，幼虫经过 3～5 天培育即可结束浮游生活。壳顶幼虫期后足开始形成，进入匍匐幼虫期。幼虫变为底栖生活，长足后在底部爬动。此时需要加入底质，方便幼虫沉底变态。底质采集区水质要清新，选择退潮后自然沉降的表层浮泥，加入前用 200 目筛网过滤。可分多次加入，前期底质厚度在 2～4 毫米为宜。培育 18～21 天时稚贝长出进水管。培育期间水体盐度 18～25，温度 26～32 ℃，养殖海水要经过严格过滤、消毒。壳长 2 毫米的稚贝即可转移至室外池塘进行中间育成。

稚贝进入池塘养殖前，须对养殖池塘彻底整理。包括清淤、晒塘、清塘等过程，彻底清除敌害生物。对养殖区进行底质松软处理，便于稚贝潜入。池塘水深 5～10 厘米，稚贝与水混合后均匀泼洒。待稚贝全部潜入后加水至水深 50 厘米以上，做好肥水工作。当苗种增长到一定规格时必须适时疏散分养。第一次分养密度以 3 000 粒/米² 为宜，第二次分养密度以 800 粒/米² 为宜。养殖期间定期换水、巡塘、除害，做好养殖管理，监测水体盐度、溶解氧、氨氮、pH 等指标。冬季水深不低于 60 厘米，防止稚贝越冬死亡。

三、健康养殖技术

（一）健康养殖（生态养殖）模式和配套技术

1. 池塘养殖

（1）池塘条件　池塘进排水方便，附近无污染源，交通便利，电力充足。底质以沙泥质为好，可蓄水深度大于 60 厘米。播种前对池塘进行清淤，清除死壳等杂物，翻耕、消毒后耙平塘底。海水盐度 15～32，水温 4～28 ℃，pH 7.5～8.3。

（2）播种　应选择健康、有活力的青蛤"江海大 1 号"苗种。播种时间一般为每年的 3—5 月。壳长 4～5 毫米的苗种播放密度在 300～400 粒/米^2，壳长 1～1.5 厘米的苗种播放密度在 200～280 粒/米^2。播种时选择无风天气，水深 5～10 厘米。

（3）养成管理　定期监测池塘海水盐度、温度、pH 等理化指标。夏季炎热、冬季寒冷时注意加高池塘水位。在大暴雨前可通过提高池塘水位来稳定池塘底层海水的盐度，以防盐度剧降而对青蛤造成不良影响。正常情况下，养殖池塘中滩面水保持在 50～60 厘米，透明度保持在 25～30 厘米，冬季池塘水深应不低于 60 厘米。透明度太高时要进行肥水，保证有益藻类繁殖。以繁殖硅藻为主，水色以浅茶色或浅绿色为宜。尤其在 5—9 月，要保证充足的饵料。对池塘内的敌害性螺类、虾虎鱼、蟹类、浒苔等要经常采捕、驱赶或进行药物防治。

（4）收获　壳长达到 3 厘米以上可以收获，采用人工或机械采挖方式。

2. 滩涂养殖

（1）环境条件　海区无污染，风浪小、潮流畅通、地势平坦的滩涂。底质为泥沙质，水温 4～28 ℃，盐度 15～32。选好海区后，在退潮期间，将滩涂分隔成数块，以便于管理。去除石块杂物，平整滩面，清除敌害生物。滩面要有排水沟，方便采捕时排水。底栖硅藻和有机碎屑丰富，浮游植物以硅藻门种类为优势种。

（2）播种　滩涂养殖可选择规格稍大的苗种，壳长 1.5 厘米左右的青蛤"江海大 1 号"苗种播放密度在 120～150 千克/亩。采用干播法，退潮后将青蛤苗种均匀撒播在滩面上，计算涨潮时间，避免苗种被冲走。若海区饵料丰富或敌害严重、死亡率大，可以适当增加苗种放养量。

（3）养成管理　防止被盗或者恶意破坏，杜绝污染源进入。实时监测海区水文状况，加强台风预报及管理。退潮期间加强管理、巡查，做好补苗、滩面修整等工作。消灭敌害生物，如浒苔等有害藻类，扁玉螺、鱼类、蟹类等敌害动物。

（4）收获 壳长达到 3 厘米以上可以收获。

（二）主要病害防治方法

1. 弧菌感染

弧菌病是一种细菌性疾病，青蛤养殖中一般发病率高、危害大，可导致大面积死亡。预防弧菌感染应提高青蛤养殖池塘用水质量，感染初期要增加换水量和换水次数，药物治疗时可用有效浓度 0.3 克/米^3 的二溴海因全池泼洒，或者用 4～8 毫克/升的大蒜汁泼洒。

2. 有害藻类

浒苔等大型绿藻会与饵料微藻竞争营养物质，造成单胞藻生长受限，降低饵料丰度，不利于青蛤生长。死亡的大型藻体腐烂还会造成底质恶化，影响青蛤生长甚至导致病害。青蛤养殖中要实时肥水，保证养殖水体肥度，及时捞除有害藻，阻止其蔓延。

3. 敌害生物

青蛤敌害贝类包括扁玉螺、红螺等，发现后要及时捞除，消灭其卵；敌害鱼类包括虾虎鱼、鲈等，可采取圈网等人工去除法；敌害甲壳类包括蝤蛑、虾蟹类，在播种前做好池塘敌害消杀工作、进水口设置合适网目的滤网可以有效预防。浅海滩涂养殖时要特别注意海鸥等鸟类，避免青蛤被捕食。

四、育种和苗种供应单位

（一）育种单位

1. 江苏海洋大学

地址和邮编：江苏省连云港市海州区苍梧路 59 号，222005

联系人：董志国

电话：13961388271

2. 连云港海浪水产养殖有限公司

地址和邮编：连云港市连云区板桥街道板桥社区板桥西路 21－3 号，222066

联系人：葛红星

电话：17881220506

3. 连云港众创水产养殖有限公司

地址和邮编：连云港市赣榆区青口镇八总社区一组 152 号，222199

联系人：陈义华

电话：18651722578

（二）苗种供应单位

江苏海洋大学

地址和邮编：江苏省连云港市海州区苍梧路 59 号，222005

联系人：董志国

电话：13961388271

五、编写人员名单

董志国、李晓英、陈义华、葛红星、柳梅梅等

栉孔扇贝"蓬莱红4号"

一、品种概况

（一）培育背景

栉孔扇贝（*Chlamys farreri*）属珍珠贝目、珍珠贝亚目、扇贝科、栉孔扇贝属，俗称干贝蛤、海扇等。自然分布于我国北部沿海，尤以山东半岛为多。具有很高的营养和经济价值，富含氨基酸、脂肪酸、蛋白质、钙、锌等营养物质，由扇贝闭壳肌制成的"干贝"更是海产八珍之一。

扇贝养殖是我国海水养殖业的主导产业之一，《2022中国渔业统计年鉴》显示，我国扇贝养殖年产量达182.99万吨。我国扇贝的遗传育种工作经过二十多年的发展，已从传统选择育种、杂交育种和细胞工程育种，逐步向现代分子育种方向发展，在全基因组选择育种方面取得突破性进展，在国际上率先应用全基因组选择育种技术育成高产、抗逆"蓬莱红2号"栉孔扇贝新品种。

近年来全球变暖的趋势愈发严重，夏季极端高温天气、海洋热浪等事件频发。扇贝作为变温动物，生长存活极易受到海水温度变化的影响。近些年关于夏季高温造成扇贝大规模死亡的情况时有报道，经济损失巨大。已有的国审新品种大多以生长与抗逆为目标性状，鲜有针对耐高温性状进行选育的水产品种。课题组应用全基因组选择育种技术，辅以基于心率的耐温性状高效测评技术，育成耐温性状与生长性状均表现优良的栉孔扇贝新品种"蓬莱红4号"，以满足扇贝养殖产业对耐温品种的需求。

（二）育种过程

1. 亲本来源

2010年11月，从栉孔扇贝"蓬莱红2号"群体中挑选10 000枚个体，在山东青岛和荣成收集栉孔扇贝养殖群体的红壳色个体10 000枚（入选率5/100），构成育种基础群体。

2. 技术路线

栉孔扇贝"蓬莱红4号"培育技术路线见图1。

```
┌─────────────────────────────────┐
│      "蓬莱红2号"新品种              │
│  青岛、荣成养殖红壳色栉孔扇贝        │
└─────────────────────────────────┘
              │
    ┌─────────────────────────────────────────────┐
    │  耐温、生长性状全基因组选择                      │
    │  ┌─────────┐      ┌──────────────────┐        │
    │  │ 壳高     │      │ 个体综合育种值前    │        │
    │  │ 前10%   │ ───→ │ 10%，近交系数低     │        │
    │  │ 表型初选 │      │ 于0.125入选        │        │
    │  └─────────┘      └──────────────────┘        │
    └─────────────────────────────────────────────┘
```

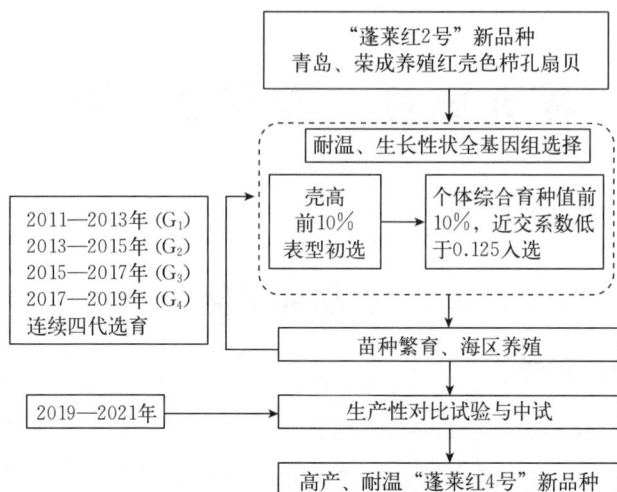

图 1   栉孔扇贝"蓬莱红 4 号"培育技术路线

3. 选育过程

自 2011 年起，课题组以耐温与生长为育种目标，耐温性状利用基于心率的 ABT 指标进行评估，生长性状以壳高作为指标进行评估，应用全基因组选择技术，经过连续 4 代选育出耐温、生长快的栉孔扇贝新品种"蓬莱红 4 号"。选育过程如下：

（1）2011—2013 年，对基础群体按照壳高排序，选取前 10％的 2 000 枚个体，进行基因组 SNP 位点分型分析，利用 GBLUP 计算个体壳高与 ABT 的基因组育种值，通过综合选择指数公式获得个体综合育种值，以综合育种值排序前 10％且近交系数低于 0.125 为标准保留亲贝，获得 197 只亲贝进行繁育，建立 G_1 群体。相对于普通养殖种和"蓬莱红 2 号"，23 月龄 G_1 群体壳高分别提高 12.70％和 2.84％，ABT 分别提高 2.55 ℃和 1.13 ℃，存活率分别提高 30.51％和 3.88％；红壳色比例为 97.30％。

（2）2013—2015 年，从 G_1 30 000 枚个体中首先根据壳高筛选出 3 000 枚个体进行基因组 SNP 位点分型分析，利用 GBLUP 计算个体壳高与 ABT 的基因组育种值，利用综合选择指数公式计算个体综合育种值，以综合育种值排序前 10％且近交系数低于 0.125 为标准保留亲贝，获得 287 只亲贝进行繁育，建立 G_2 群体。相对于普通养殖种和"蓬莱红 2 号"，23 月龄 G_2 群体壳高分别提高 17.06％和 9.94％，ABT 分别提高 2.88 ℃和 2.69 ℃，存活率分别提高 40.25％和 14.16％；红壳色比例为 98.56％。

（3）2015—2017 年，从 G_2 30 000 枚个体中首先根据壳高筛选出 3 000 枚个体进行基因组 SNP 位点分型分析，利用 GBLUP 计算个体壳高与 ABT 的基因组育种值，利用综合选择指数公式计算个体综合育种值，以综合育种值排序前10%且近交系数低于0.125为标准保留亲贝，获得296只亲贝进行繁育，建立 G_3 群体。相对于普通养殖种和"蓬莱红2号"，23月龄 G_3 群体壳高分别提高20.24%和11.15%，ABT分别提高3.18℃和2.46℃，存活率分别提高41.57%和15.60%；红壳色比例为98.10%。

（4）2017—2019年，从 G_3 30 000枚个体中首先根据壳高筛选出3 000枚个体进行基因组SNP位点分型，利用GBLUP计算壳高与ABT的基因组育种值，利用综合选择指数公式计算个体综合育种值，以综合育种值排序前10%且近交系数低于0.125为标准保留亲贝，获得258只亲贝进行繁育，建立 G_4 群体。相对于普通养殖种和"蓬莱红2号"，23月龄 G_4 群体壳高分别提高22.64%和11.72%，ABT分别提高3.58℃和2.82℃，存活率分别提高43.63%和17.37%；红壳色比例为98.73%。

（5）2019、2020年在烟台崆峒岛海域和青岛崂山海域开展连续两年生产性对比试验。2019年浮筏养殖"蓬莱红4号"2 360余亩，2020年浮筏养殖2 830余亩，养殖过程中"蓬莱红4号"栉孔扇贝生长速度、产量以及存活率均表现出明显的优势。

2011—2020年，经过连续4代选育与连续两年生产性对比试验，育成"蓬莱红4号"栉孔扇贝新品种。新品种的生长速度与耐温性能表现突出，保持了"蓬莱红2号"壳色鲜红的特点，遗传性能稳定。

（三）品种特性和中试情况

1. 品种特性

栉孔扇贝"蓬莱红4号"壳色鲜红，耐高温，生长速度快。在相同养殖条件下，与未经选育的栉孔扇贝相比，2龄耐温上限和壳高分别提高3.50℃和20.86%；与栉孔扇贝"蓬莱红2号"相比，2龄耐温上限和壳高分别提高2.93℃和14.02%。

2. 中试情况

2019—2020年，在烟台崆峒岛海域和青岛崂山海域进行连续两年的生产性对比试验，累计试验面积5 190余亩。在相同的养殖条件下，栉孔扇贝"蓬莱红4号"较普通栉孔扇贝壳高提高25.73%，耐温指标ABT提高3.57℃，存活率提高40.07%。2021年，生产大规格栉孔扇贝"蓬莱红4号"苗种22亿粒，在烟台、青岛、威海、温州、大连海域开展中试养殖试验，累计养殖10 020亩。试验结果表明，栉孔扇贝"蓬莱红4号"较普通栉孔扇贝壳高平均提高21.92%，存活率提高40.36%。栉孔扇贝"蓬莱红4号"耐高温、生长快、存活率高，养殖优势明显，经济效益显著。

二、人工繁殖技术

（一）亲本选择与培育

1. 亲本选择

栉孔扇贝"蓬莱红4号"亲贝保存在特定的良种保存基地，为经过多代选育的性状优良、遗传稳定、适合规模扩繁推广的群体。栉孔扇贝"蓬莱红4号"父本和母本应符合以下要求：贝龄2龄，贝壳呈规则扇形，壳高75毫米以上，耐温指标 ABT 大于 28 ℃。

2. 亲本培育

（1）培育环境　亲贝雌、雄分开，分别置于单层浮式网箱中于室内培育池蓄养，培育池 10～30 米³，水深 1.2～1.5 米。

（2）饲养管理　亲贝入池前，清除贝壳上的附着生物和浮泥，并对性别做初步挑选。采用积温促熟法，缓慢将过滤的自然海水每天升高 0.5～1.0 ℃，直至 14～16 ℃，在此温度下将亲贝培养至性成熟。投喂硅藻、金藻、扁藻等单胞藻或淀粉、螺旋藻粉、蛋黄等代用饵料，每天分 4～6 次投喂。在亲贝培育中后期，根据双亲的发育程度适当调节投喂量以达到父母本同步成熟。早期和中期隔天倒池清底一次，晚期为减少惊扰，每天吸底 1 次，临近采卵时不倒池。

（二）人工繁殖

将雌雄个体分别加入高于亲贝暂养水温 2 ℃的过滤海水中，刺激产卵和排精，分别收集卵子和精子。待较多父本排精并充分混合后向产卵池中加入精子，精子数量不宜过多，一般镜检发现卵子周围有 3～5 个精子即可。受精时间应在卵子集中排放的 2 小时内、精子排放的半小时内。

受精卵培育密度不高于 20 枚/毫升，经 28～36 小时发育长出面盘进入面盘幼虫初期（D形幼虫）即完成孵化，孵化时间根据温度不同一般为 28～36 小时，孵化期间微量充气，选优前 1 小时停气，用 260 目筛绢筛选上浮幼虫，按不高于 10 个/毫升的密度分池培养。

（三）苗种培育

1. 幼虫培育

幼虫培养早期投喂金藻，中后期（4～5 天后）可搭配投喂金藻、硅藻、扁藻等小型单胞藻。一般日投喂量为 2×10^4 个/毫升；随着幼虫的生长，饵料投喂量应逐步增加，后期达到 8×10^4 个/毫升，分 6～8 次投喂。每天换水 2

次，每次换水 1/3，每 2～3 天倒池一次。眼点幼虫比例达到 20％～30％时，应立即倒池并投放附着基，每立方米水体投放 20～30 片。

2. 稚贝培育

幼虫壳高达到 400～600 微米时，将附着基转入 30～60 目的 30 厘米×50 厘米苗袋中，一般每袋装入一片附着基后扎紧袋口。出库作业，即操作人员进行捞取附着基、分拣、装袋、绑带等操作时，要稳、准、轻、快，防止出库苗脱落和损伤。苗种出库到保苗海区暂养，暂养期间每隔 15 天通过提、放或轻轻摆动来冲刷苗袋上的浮泥，维持袋内外水交换良好，确保优良水质和饵料供应。随着稚贝的生长，应及时分苗和倒袋，疏散密度，一般经过 2～3 次分苗后转移至养殖笼中进行浮筏养殖。

三、健康养殖技术

（一）健康养殖（生态养殖）模式和配套技术

栉孔扇贝"蓬莱红 4 号"以浅海筏式养殖为主。

1. 环境条件

养殖场地应选择水清流缓、无大风浪、饵料丰富的海区。大潮期低潮时水深为 10～30 米，水温 5～30 ℃，盐度 25～33，透明度≥0.6 米。

2. 养殖设施

由浮绠、浮漂、固定橛、橛缆、养殖笼等部分组成。严禁使用有毒材料。划分海区并确定位置，留出航道，行向与流向垂直，行距 10～20 米，笼间距为 0.5～0.7 米，一根 60 米的浮绠可挂 80～100 笼。

3. 养殖水层

养殖笼最上层距水面 1～2 米，夏季下沉至距水面 3～4 米。

4. 养殖密度

直径 30 厘米的养殖笼每层 20～30 粒，每公顷水面放养 $(6～8)×10^4$ 粒（航道等空置水面积计算在内）。

5. 日常管理

及时刷洗清除敌害生物，查清种苗暂养海区藤壶、贻贝和牡蛎等的产卵和附着时间及其幼虫垂直分布和平面分布，尽量避开藤壶、贻贝和牡蛎附着高峰期进行分袋倒笼等生产操作。

6. 应急处置

当毗连或养殖海区有赤潮或溢油等事件发生时，应及时采取有力措施，避免扇贝受到污染。如果扇贝已经受到污染，应就地销毁，严禁上市。

（二）主要病害防治方法

贝类苗种繁育与养殖过程中极易受到温度变化、浮游生物以及水环境中细菌和病毒的影响，为避免养殖损失，针对不同养殖阶段要注意以下几个问题：

（1）种贝要选择活力强、健康且规格大的个体进行苗种繁育。

（2）育苗阶段严格控制养殖水质，对养殖环境、养殖设施进行严格消毒，饵料培育同样需进行严格消毒处理，避免外源细菌和病毒的影响。

（3）海区养殖时要选择环境友好、无外源污染的海区。分苗、倒笼等养殖管理过程中，避免粗放式操作，减少机械损伤对个体存活的影响。

四、育种和苗种供应单位

（一）育种单位

中国海洋大学

地址和邮编：山东省青岛市市南区鱼山路 5 号，266003

联系人：黄晓婷

电话：0532－82031802

（二）苗种供应单位

1. 中国海洋大学

地址和邮编：山东省青岛市市南区鱼山路 5 号，266003

联系人：黄晓婷

电话：0532－82031802

2. 莱州市鹏沅水产有限公司

地址和邮编：山东省莱州市永安路街道工农村，261408

联系人：段宝辉

电话：18254599999

五、编写人员名单

黄晓婷、包振民、邢强、杨祖晶等

海带 "海农1号"

一、品种概况

(一) 培育背景

海带是我国重要的水产养殖对象，是藻类产业中养殖地区最广和养殖产量最高的物种。目前在海带养殖生产中，仍然存在着良种苗种覆盖率不高、养殖产量区域差异大、适宜南方地区养殖品种数量少等问题，急需进一步加强海带高产品种的培育工作。

我国已育成的 11 个国审海带新品种均为"晚熟"的高产品种，适宜于北方地区 6—7 月、南方地区 4—5 月集中收获，导致采收和后续加工（晾晒和盐渍）时间较为集中、生产压力较大，部分采收加工期已经延后至藻体腐烂脱落严重的 8 月上旬。在当前海带养殖收获和加工的产业矛盾背景下，进一步开展早期生产速度快的高产优良品种培育，实现海带养殖早中期（北方地区 5—6 月、南方地区 3—4 月）收获，对于产业高质量发展具有十分重要的现实意义。

(二) 育种过程

1. 亲本来源

海带"海农 1 号"亲本为山东省荣成市俚岛海区的海带养殖群体。2014年夏季，从荣成市俚岛海区的海带养殖群体中，筛选出藻体基部至中部叶片宽度相对一致（呈现"平直"特点）的 20 株个体，通过自交繁育，于 2015 年夏季再次以藻体基部至中部叶片宽度相对一致为典型特点筛选出 50 株个体作为育种基础群体。

育种基础群体性状：藻体色泽为深褐色，柄部扁圆形，基部凸起，有纵沟；藻体基部至中部叶片宽度相对一致。鲜重（1 242.9±116.6）克，叶片长度（175.9±11.3）厘米，叶片宽度（42.1±3.4）厘米。

2. 技术路线

海带"海农 1 号"的选育技术路线见图 1。

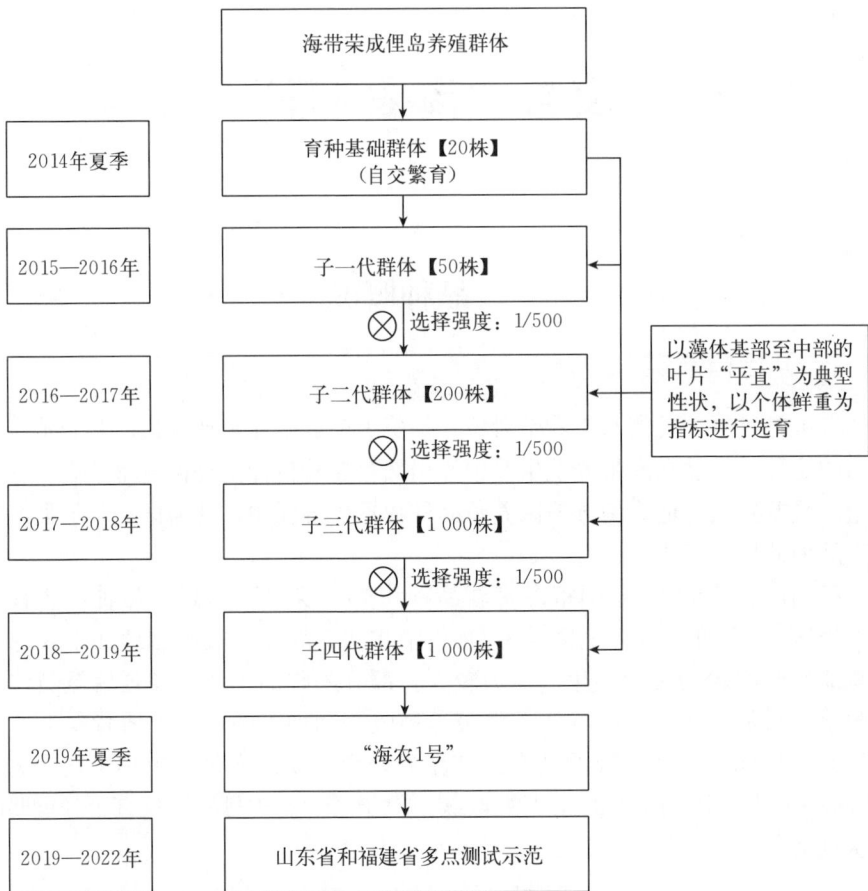

图 1　海带"海农 1 号"选育技术路线

3. 选育过程

采取群体选育技术，以藻体基部至中部叶片"平直"为典型性状，以高产为目标性状对个体鲜重进行连续选育，按照 1/500 选择强度进行选择。2015—2019 年连续完成 4 代选育。

（1）子一代孢子体培育　2015 年 5 月末至 7 月下旬进行亲本群体的三次筛选。2015 年 5 月末，在育种基础群体中，筛选外部形态特征典型且产量性状优异的海带重新进行挂苗培育；2015 年 6 月下旬和 7 月下旬，分别剔除藻体流失腐烂严重以及未发育孢子囊的个体，最终留取了海带 50 株作为亲本群体。亲本群体性状：藻体色泽为深褐色，柄部扁圆形，基部凸起，有纵沟；藻体基部至中部叶片宽度相对一致。鲜重（1 337.8±160.0）克，叶片长度（293.5±41.9）厘米，叶片宽度（34.8±3.3）厘米。2015 年 8—10 月，繁育子一代群体 10 帘（合 50 万株）；2015 年 10 月至 2016 年 7 月，在山东省荣成市俚岛海区养殖 10 亩。在整个生长过程中，海带"海农 1 号"子一代孢子体较对照种海带鲜重增加了 5.2%～20.6%。

（2）子二代孢子体培育　2016 年 5 月末至 7 月下旬进行亲本群体的三次筛选。2016 年 5 月末，在育种基础群体中，筛选外部形态特征典型且产量性状优异的海带重新进行挂苗培育；2016 年 6 月下旬和 7 月下旬，分别剔除藻体流失腐烂严重以及未发育孢子囊的个体，最终留取了海带 200 株作为繁育群体。2016 年 8—10 月，繁育子二代群体 100 帘（合 500 万株）；2016 年 10 月至 2017 年 7 月，在山东省荣成市俚岛海区养殖 80 亩。在整个生长过程中，海带"海农 1 号"子二代孢子体较对照种海带鲜重增加了 2.4%～43.2%。

（3）子三代孢子体培育　2017 年 5 月末至 7 月下旬进行亲本群体的三次筛选。2017 年 5 月末，在育种基础群体中，筛选外部形态特征典型且产量性状优异的海带重新进行挂苗培育；2017 年 6 月下旬和 7 月下旬，分别剔除藻体流失腐烂严重以及未发育孢子囊的个体，最终留取了海带 1 000 株作为繁育群体。2017 年 8—10 月，繁育子三代群体 200 帘（合 1 000 万株）；2017 年 10 月至 2018 年 7 月，在山东省荣成市俚岛海区养殖 200 亩。在整个生长过程中，海带"海农 1 号"子三代孢子体较对照种海带鲜重增加了 12.8%～38.1%。

（4）子四代孢子体培育　2018 年 5 月末至 7 月下旬进行亲本群体的三次筛选。2018 年 5 月末，在育种基础群体中，筛选外部形态特征典型且产量性状优异的海带重新进行挂苗培育；2018 年 6 月下旬和 7 月下旬，分别剔除藻体流失腐烂严重以及未发育孢子囊的个体，最终留取了 1 000 株作为繁育群体。2018 年 8—10 月，繁育子四代群体 200 帘（合 1 000 万株）；2018 年 10 月至 2019 年 7 月，在山东省荣成市俚岛海区养殖 200 亩。在整个生长过程中，海带"海农 1 号"子四代孢子体较对照种海带鲜重增加了 16.7%～42.4%。

连续 4 代选育，海带"海农 1 号"良种各世代鲜重变异系数分别为 7.81%、9.99%、8.69% 和 7.95%。根据 2016—2021 年鲜重统计数据，4 月、5 月"海农 1 号"海带单棵鲜重是对照种海带的 1.23 倍和 1.22 倍；6—7 月，厚成期"海农 1 号"海带单棵鲜重相比对照种海带的增重幅度仍保持在 12.75%～21.3%，增产效果明显。

（三）品种特性和中试情况

1. 品种特性

（1）外部形态　藻体浓褐色，假根发达，柄部圆形，叶片基部圆形有凸起；具有明显纵沟，中带部明显；成熟期孢子囊发达；以藻体叶片基部至中部"平直"为区别于其他已育成海带新品种的典型性状。其经济性状因不同海区环境差异而表现不同。山东省荣成市俚岛海域测试的海带"海农 1 号"的经济性状为：藻体叶片长度（257±25）厘米、叶片宽度（48±4）厘米、叶片厚度（2.63±0.26）毫米、单棵鲜重（1 554±144）克（2019 年 7 月）。

（2）营养成分和主要经济成分　处于较高水平，品质特性良好。脂肪含量和灰分含量显著高于对照种海带（43.00% 和 11.51%）；苯丙氨酸、蛋氨酸、亮氨酸和缬氨酸等 15 种氨基酸含量均高于对照种海带；3 种主要经济成分（甘露醇、碘含量和褐藻胶）均高于对照种海带。

（3）分子遗传学特性　ITS1 与 ITS2 序列长度为 240 bp 和 257 bp，与《海带》（GB 20554—2006）给出序列的一致性为 99%，符合海带分子遗传特性。线粒体基因组全长 37 657 bp，包括 35 个蛋白编码基因、3 个核糖体 RNA（rRNA）基因、25 个转运 RNA（tRNA）基因和 3 个 ORF 基因。

（4）遗传多样性良好　微卫星（SSR）标记研究显示：子三代群体多态性位点比例为 49.09%；子四代群体多态性位点比例为 32.73%。

2. 中试情况

海带"海农 1 号"在培育期间，广泛地在山东省和福建省海域进行中试和生产性对比测试。海带"海农 1 号"新品系具有藻体色泽深、产量高的突出优点，具有南北方养殖的广适性，增产增收效果较为明显。

2019—2021 年，由荣成市绿源海水养殖有限公司在山东省荣成市桑沟湾海区连续 2 年开展了海带"海农 1 号"新品系和本地养殖生产种的生产性对比养殖试验，养殖面积 200 亩，海带"海农 1 号"对比增产达 11.4%～11.9%。

2019—2022 年，由荣成海兴水产有限公司在山东省荣成市俚岛海区连续 3 年进行了海带"海农 1 号"新品系和本地养殖生产种的生产性对比养殖试验，养殖面积 1 800 亩，海带"海农 1 号"对比增产 13.5%～17.3%。

2019—2022 年，由威海长青海洋科技股份有限公司在山东省荣成市俚岛海区连续 3 年进行了海带"海农 1 号"新品系和本地养殖生产种的生产性对比养殖试验，养殖面积 260 亩，海带"海农 1 号"新品系对比增产 11.8%～16.9%。

2019—2022 年，由福建省鑫海水产苗种有限公司在福建省莆田市南日岛、宁德市霞浦县和福州市连江县分别开展了海带"海农 1 号"新品系和本地养殖生产种的生产性对比养殖试验，养殖面积 180 亩，海带"海农 1 号"新品系对比增产 10.3%～14.8%。

二、人工繁殖技术

（一）亲本选择与培育

1. 亲本选择

海带"海农 1 号"亲本的种海带选育时间为每年的 5 月末、6 月下旬和 7

月下旬。5 月末以藻体基部至中部叶片宽度相对一致为典型特点且产量性状优异的个体重新进行挂苗培育,6 月下旬和 7 月下旬,分别剔除藻体流失腐烂严重以及未发育孢子囊的个体。

2. 亲本培育

亲本培育以海区培育或室内培育的方式进行。

(1)海区培育 种海带在水流通畅、水深 20～30 米的外海区采用平养的方式培养,水流速度不小于 0.2 米/秒,透明度变化小于 3 米,根据透明度的变化适时调整水层。水质符合《渔业水质标准》(GB 11607)的要求。利用海区自然水温的提升培育至孢子囊成熟后即可采孢子育苗,海区水温不宜超过 22 ℃。

(2)室内培育 6 月中下旬,将挑选好的种海带洗刷干净后移入育苗池,每平方米 10～20 株,循环水培育。待出现孢子囊,将光强降至 600～1 200 勒克斯,水温每 3 天提高 0.5～1.0 ℃,至 13 ℃,培养至孢子囊成熟后即可采孢子育苗。

(二) 人工繁殖

人工繁育方式分为北方育苗和南方育苗两种工艺。

1. 北方育苗工艺

北方地区海带"海农 1 号"育苗(采孢子)时间通常为 8 月上旬和中旬。

种海带一般养殖在离岸较远的海区,运输过程需要 2～4 小时,运输时用淋透海水的篷布遮蔽,避免阳光直晒,到达育苗场的种海带不需要进行阴干处理。

(1)采孢子措施和条件 向消毒后的育苗池放入低温海水,将清洗后的种海带平铺到育苗池中,适时摆动种海带以促进其放散,并使已经放散出来的游孢子分布均匀。游孢子放散水温为 6～9 ℃,光强不超过 2 000 勒克斯。种海带使用数量为平均每个育苗帘用 0.1～0.2 株种海带。

(2)游孢子放散数量控制 每 10 分钟进行镜检,100 倍显微镜下每视野有 10～20 个游动活泼的游孢子即可取出种海带,停止放散。

(3)游孢子附着方法和条件 用捞网去除孢子水中的黏液和破碎藻块并均匀搅拌游孢子水,取样和统计游孢子密度后投入育苗帘,苗帘层数通常为 10 层。通常 2 小时左右即可附着牢固,100 倍显微镜下,每视野 15～20 个孢子即可停止附着,移帘分散换水,将苗帘单层平铺在育苗池中。

2. 南方育苗工艺

南方地区海带"海农 1 号"育苗(采孢子)时间通常为 8 月下旬或 9 月末。

将清洗后的种海带悬挂在阴凉通风处,或沥干水分后放置于塑料筐中 3～4 小时,保持温度在 12～18 ℃,避免日晒。

（1）采孢子措施和条件　向消毒后的采苗桶中放入低温海水，将 100～150 株种海带放入采苗桶中，使其整体浸没在海水中，间歇性用搅拌杆搅动或用手握苗绳在水中摆动种海带。游孢子放散水温为 6～9 ℃，光强不超过 2 000勒克斯。

（2）游孢子放散数量控制　放散 2 小时后，每间隔 15 分钟进行镜检，100倍显微镜下每视野有 200 个以上游动活泼的游孢子即可取出种海带，停止放散。

（3）游孢子附着方法和条件　将孢子水利用筛绢过滤清除黏液，按照比例倒入育苗池中，育苗池海水水温为 6～9 ℃；用搅拌杆搅动使游孢子均匀分布在育苗池中；取样检测，100 倍显微镜下，每视野 2～3 个游孢子即可达到标准密度；将苗帘整齐布放在育苗池中，苗帘层数为 10～12 层；经过 8～10 小时的附着，100 倍显微镜下检测附着密度，每视野 5～6 个孢子即可。移帘分散换水，将苗帘平铺在育苗池中。

（三）苗种培育

育苗条件按照不同发育阶段，分别控制水温、光照强度、营养盐和新海水换水率。育苗水质要求符合《渔业水质标准》，光照采取自然光，每天光照时数为 10 小时及以上。海带"海农 1 号"苗种培育的条件和管理在南北方略有不同。

1. 北方地区

游孢子萌发阶段，水温 8.0～9.0 ℃，光照 1 000～1 500 勒克斯，营养：硝酸钠 0.0～7.5 毫克/升、磷酸二氢钾 0.0～1.5 毫克/升，换水率 20%；配子体阶段，水温 8.0～8.5 ℃，光照 1 200～2 000 勒克斯，营养：硝酸钠 0.0～8.0 毫克/升、磷酸二氢钾 0.0～1.5 毫克/升，换水率 20%。

配子体发育阶段，水温 8.0～8.5 ℃，光照 1 500～2 000 勒克斯，营养：硝酸钠 1.5～8.0 毫克/升、磷酸二氢钾 0.1～2.0 毫克/升，换水率 25%。

幼孢子体形成阶段，水温 7.5～8.0 ℃，光照 1 500～2 500 勒克斯，营养：硝酸钠 1.5～8.0 毫克/升、磷酸二氢钾 0.1～2.0 毫克/升，换水率 25%；1～4 列细胞苗阶段，水温 7.5～8.0 ℃，光照 2 000～3 000 勒克斯，营养：硝酸钠 1.5～10.0 毫克/升、磷酸二氢钾 0.1～2.5 毫克/升，换水率 25%；4～16 列细胞苗阶段，水温 7.5～8.0 ℃，光照 2 200～3 000 勒克斯，营养：硝酸钠 2.25～12.0 毫克/升、磷酸二氢钾 0.15～2.50 毫克/升，换水率 25%～40%；2 毫米幼孢子体阶段，水温 7.5～8.0 ℃，光照 2 500～3 500 勒克斯，营养：硝酸钠 2.25～12.0 毫克/升、磷酸二氢钾 0.15～2.50 毫克/升，换水率 25%～40%；4～8 毫米幼孢子体阶段，水温 7.5～8.0 ℃，光照 3 000～4 000 勒克斯，营养：硝酸钠 3.0～20.0 毫克/升、磷酸二氢钾 0.2～2.5 毫克/升，换水率 25%～50%；8～12 毫米幼孢子体阶段，水温 7.5～8.0 ℃，光照 3 500～4 000 勒克斯，营养：硝酸钠 3.0～25.0 毫克/升、磷酸二氢钾 0.2～2.5 毫克/升，换水率 25%～50%；12～20 毫米幼孢子体阶段，水温 7.0～8.0 ℃，光照 4 000～5 500 勒克斯，营养：硝酸钠 3.0～35.0 毫克/升、磷酸二氢钾 0.2～2.5 毫克/升，换水率 35%～60%。出库前，水温 8.0～10.0 ℃，光照 5 000～8 000 勒克斯，营养：硝酸钠 3.0～35.0 毫克/升、磷酸二氢钾 0.2～2.5 毫克/升，换水率 35%～70%。

采孢子 1 周后用涮洗法或 2 周后用高压水枪洗刷苗帘，当形成孢子体后将洗涮频率改为隔 2～3 天一次，洗刷次数和力度应根据幼苗和杂藻的生长情况而定，并适时倒帘，调整苗帘生长地点，保证幼苗生长速度一致。当幼苗长度为 2 厘米左右，待海区水温稳定在 20 ℃时（约 10 月中旬），即可出库下海暂养（苗种出库标准为幼苗藻体健壮、叶片舒展、色泽光亮、有韧性；苗帘无空白段、杂藻少；每帘大于 2 厘米的苗种数量应达到 5 万株），出库前略微提升育苗水温和增加光照以使其能够尽快适应海区环境条件。苗种运输采用湿运法，苗帘对折后，按照 6～10 帘/箱放入保温箱，普通车运输外部铺盖遮阳布或使用冷藏车运输，敞篷车运输时盖好篷布并用高压海水淋洗，运输至养殖场，运输时间宜为 10 小时以内。

2. 南方地区

游孢子萌发阶段，水温 8.0～9.0 ℃，光照 800～900 勒克斯；配子体阶段，水温 9.0～10.0 ℃，光照 800～900 勒克斯，营养：硝酸钠 3.0 毫克/升、磷酸二氢钾 0.22 毫克/升，换水率 20%。

配子体发育阶段，水温 9.0～10.0 ℃，光照 800～900 勒克斯，营养：硝酸钠 3.0 毫克/升、磷酸二氢钾 0.22 毫克/升，换水率 20%。

幼孢子体形成阶段，水温 9.0～10.0 ℃，光照 1 000～1 200 勒克斯，营养：硝酸钠 6.0 毫克/升、磷酸二氢钾 0.44 毫克/升，换水率 20%；1～4 列细胞苗阶段，水温 8.0～9.0 ℃，光照 1 200～1 400 勒克斯，营养：硝酸钠 6.0 毫克/升、磷酸二氢钾 0.44 毫克/升，换水率 20%；4～16 列细胞苗阶段，水温 8.0～9.0 ℃，光照 1 400～1 800 勒克斯，营养：硝酸钠 12.0 毫克/升、磷酸二氢钾 0.88 毫克/升，换水率 20%；2 毫米幼孢子体阶段，水温 8.0～9.0 ℃，光照 1 800～2 000 勒克斯，营养：硝酸钠 12.0 毫克/升、磷酸二氢钾 0.88 毫克/升，换水率 25%；4～8 毫米幼孢子体阶段，水温 8.0～9.0 ℃，光照 2 000～2 200 勒克斯，营养：硝酸钠 18.0 毫克/升、磷酸二氢钾 2.6 毫克/升，换水率 25%；8～12 毫米幼孢子体阶段，水温 8.0～9.0 ℃，光照 2 200～2 500 勒克斯，营养：硝酸钠 18.0 毫克/升、磷酸二氢钾 2.6 毫克/升，换水率 25%；

12～20 毫米幼孢子体阶段，水温 8.0～9.0 ℃，光照 3 500～4 000 勒克斯，营养：硝酸钠 18.0 毫克/升、磷酸二氢钾 2.6 毫克/升，换水率 25%。出库前，水温 7.0～8.0 ℃，光照 4 000～5 000 勒克斯，营养：硝酸钠 18.0 毫克/升、磷酸二氢钾 2.6 毫克/升，换水率 25%。

采孢子后 14 天左右（大部分转化为孢子体）开始，用高压水枪洗刷苗帘，每周一次，当形成孢子体后改为隔天一次，洗刷次数和力度应根据幼苗和杂藻的生长情况而定，并适时倒帘，调整苗帘生长地点，保证幼苗生长速度一致。当幼苗长度为 2 厘米左右，待海区水温稳定在 20 ℃时（南方约为 11 月中旬），即可出库下海暂养（苗种出库标准为幼苗藻体健壮、叶片舒展、色泽光亮、有韧性；苗帘无空白段、杂藻少；每帘大于 2 厘米的苗种数量应达到 3 万株），出库前略微提升育苗水温和增加光照以使其能够尽快适应海区环境条件。苗种运输采用湿运法，按照 20 帘/箱放入保温箱，普通车运输外部铺盖遮阳布或使用冷藏车运输，运输至养殖场，运输时间宜为 10 小时以内。

三、健康养殖技术

海带"海农 1 号"对环境的适应能力强，根据多年中试及大规模养殖推广结果，其可以满足山东省和福建省的南北方养殖，增产增收效果显著。

（一）健康养殖（生态养殖）模式和配套技术

1. 养殖方式
海区筏式养殖，养殖方式为平养法。

2. 配套技术
（1）海上暂养　幼苗暂养在自然海区海水温度下降到 20 ℃以下进行。海带苗运输至养殖区的时间宜为清晨，挂养至海区之前应避免暴晒。

幼苗暂养环境为风浪小、潮流畅通、水质肥沃、透明度 1～3 米、浮泥杂藻少的内湾近岸海区。将苗帘分段截取，平挂在海区，使其稳定在一定水层。幼苗暂养水层初挂为 50～80 厘米，后经 1～2 次调节，最终提升至 20 厘米。幼苗暂养期间应紧密注意天气变化，如发生连续晴天、风平浪静、水温大幅度回升以及降雨等情况，则要及时小调水层。

（2）分苗　幼苗长度达到 10 厘米以上时应及时进行分苗，将幼苗剔下来单株夹到苗绳上。北方海区夹苗密度为 8～10 厘米夹苗 1 株，南方海区夹苗密度为 3～5 厘米夹苗 1 株。

（3）养成　及时将夹好苗的苗绳挂到海区浮筏上。浮筏设置与海流平行，使苗绳平挂于海水中，海带受光均匀，以利于海带的生长；养殖水层为 50 厘米。

海区水深不小于5米，水深8～10米的海区是高产海区；海水流速在0.17～0.7米/秒，以0.41～0.7米/秒为宜；透明度变化幅度小于3米比较适宜。从分苗后到厚成收割前，是海上养成管理阶段。海上养成阶段的管理主要是根据降水、透明度变化等调节养殖绳水层，同时，加强养殖绳、浮球等器材上杂藻、藤壶等生物的防治，并及时对夹苗密度过大或过小的小苗进行疏苗或补苗。

（4）收获　用于鲜菜盐渍加工的海带，福建省海区3月下旬以后、山东省海区5月上中旬以后，海区水温达到15℃以上可整绳收获。

（二）主要病害防治方法

1. 绿烂病

【病因及症状】光照不足引起。症状表现为藻体叶片从尖部开始变绿变软，逐渐腐烂。

【发病季节】苗期和养成期。

【防治方法】严格控制采苗密度，适宜增大光照强度，加大洗刷力度，增加流水量。

2. 白尖病

【病因及症状】受光突然增强引起。症状表现为藻体变白、叶片尖端分解或显微观察下细胞内色素分解，细胞只剩下细胞壁。

【发病季节】苗期。

【防治方法】调节光照使之适宜、均匀，防止幼苗突然受强光刺激，增加流水量，及时洗刷苗帘。

3. 泡烂病

【病因及症状】大量淡水流入海区使海水盐度急剧降低，引起海带细胞因低盐渗透而死亡。症状表现为藻体叶片不分部位地出现水泡，当水泡破裂后，便沉淀一定浮泥而变绿腐烂成许多孔洞，严重时叶片大部分烂掉。

【发病季节】夏季多雨期的浅水薄滩海区。

【防治方法】大量降雨前将养殖绳下降水层，以防淡水的侵害。

四、育种和苗种供应单位

（一）育种单位

1. 中国海洋大学

地址和邮编：山东省青岛市鱼山路5号，266003

联系人：廖巍

电话：0532 - 66782611

2. 荣成海兴水产有限公司

地址和邮编：山东省荣成市俚岛镇俚岛路 395 号，264200

联系人：宋洪泽

电话：0631－7666487

3. 福建省鑫海水产苗种有限公司

地址和邮编：福建省福州市连江县筱埕镇东坪村，350000

联系人：林太保

电话：0591－26478208

4. 威海长青海洋科技股份有限公司

地址和邮编：山东省荣成市寻山街道办事处青鱼滩村，264200

联系人：常丽荣

电话：0631－7656678

5. 厦门大学

地址和邮编：福建省厦门市思明南路 422 号，361005

联系人：陈奔

电话：0592－2880117

（二）苗种供应单位

1. 荣成海兴水产有限公司

地址和邮编：山东省荣成市俚岛镇俚岛路 395 号，264200

联系人：宋洪泽

电话：0631－7666487

2. 福建省鑫海水产苗种有限公司

地址和邮编：福建省福州市连江县筱埕镇东坪村，350000

联系人：林太保

电话：0591－26478208

3. 威海长青海洋科技股份有限公司

地址和邮编：山东省荣成市寻山街道办事处青鱼滩村，264200

联系人：常丽荣

电话：0631－7656678

五、编写人员名单

刘涛、贾旭利、宋洪泽、龙连东、肖露阳、金振辉、王振华、王珊珊、常丽荣、于亚慧

中华鳖"长淮1号"

一、品种概况

(一) 培育背景

中华鳖 (*Pelodiscus sinensis*),俗称甲鱼、水鱼,隶属于爬行纲、龟鳖目、鳖科、鳖属。广泛分布于中国、俄罗斯东部、日本、韩国、越南北部,也被引入泰国、马来西亚、夏威夷等地。中华鳖是我国重要的名特优水产养殖种类之一,具有较高的药用和食用价值,除西藏和青海外,其他各省份均有分布。

中华鳖养殖经历了从利用天然资源粗放式养殖到人工集约化养殖的发展过程,现已成为我国淡水渔业中发展速度最快、效益最好、集约化程度最高的产业之一。近年来,我国鳖的养殖产业迅猛发展,从 2013 年开始,鳖的年产量稳定在 30 万吨以上,至 2021 年,其年产量已达到 36.5 万吨,产值超过 200 亿元,市场需求旺盛,其中浙江、安徽、湖南、湖北、江西、江苏等省的产量较高。

我国地域辽阔、气候差异大,中华鳖虽然没有有效的亚种分化,但却存在着地理变异,不同地域之间形成了一些在外形和生长性能上具有一定差异的地理品系,如黄河品系、洞庭湖品系和淮河品系等。中华鳖黄河品系是原种中华鳖的代表性品系,具有背黄、腹黄、脂肪黄"三黄"的典型特征,主要分布在黄河流域的甘肃、宁夏、陕西、河南、山东等境内,体大裙宽,体色微黄,生长和繁殖性能佳。近年来,我国大力支持水产种业创新,中华鳖种业也得到了快速发展,通过群体选育和杂交育种等技术手段进行中华鳖新品种培育。截至2021 年底,已经审定的中华鳖新品种有 5 个。然而,目前中华鳖养殖仍面临着生长慢、抗病差、成活率低、畸形率高等突出问题,尚不能满足当前对良种的需求,亟须加快挖掘中华鳖优质种质资源,选育出更具优势的新品种。黄河水系中华鳖作为优良的原种中华鳖,截至目前尚未选育出养殖新品种。因此,选育团队通过群体选育技术,以生长速度为主要选育目标性状,经过连续 4 代群体选育,成功培育出生长速度快、产量高的中华鳖"长淮1号"新品种。

（二）育种过程

1. 亲本来源

2003 年从河北康态中华鳖良种有限公司（原河北康态中华鳖良种场）引进 5 万只黄河品系中华鳖养殖稚鳖，2005 年 11 月挑选黄河品系特征明显、体格健壮、活力强的优质亲鳖 5 000 只（4 286 只雌鳖、714 只雄鳖，雌雄比 6：1）（F_0）组建选育基础群体。在中国水产科学研究院长江水产研究所和安徽省喜佳农业发展有限公司进行育种工作。

2. 技术路线

中华鳖"长淮 1 号"培育技术路线见图 1。

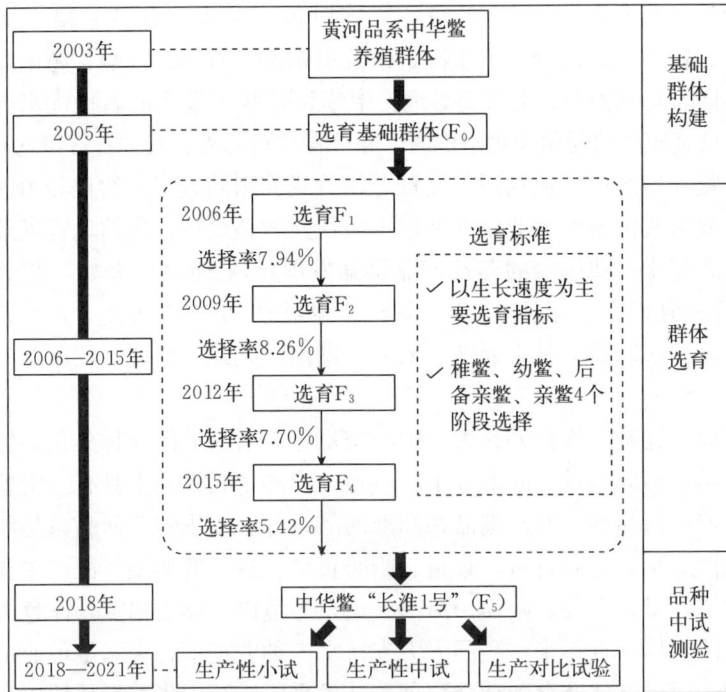

图 1　中华鳖"长淮 1 号"培育技术路线

3. 培（选）育过程

2003 年，从河北康态中华鳖良种有限公司（原河北康态中华鳖良种场）引进 5 万只黄河品系中华鳖稚鳖。2004 年，挑选生长速度快、体质健壮的幼鳖进行池塘养殖。2005 年选择"背黄、腹黄"黄河品系中华鳖特征明显、体格健壮、活力强的后备亲鳖 5 000 只作为选育基础群体。

2006—2018 年，采用群体选育的方法，以生长速度作为主要目标性状，经过连续 4 代群体选育，每一代在稚鳖、幼鳖、后备亲鳖和亲鳖 4 个阶段进行选种，F_1、F_2、F_3、F_4 选择留种率分别为 7.94%、8.26%、7.70%、5.42%，按照各个阶段的选择标准进行选留：

（1）稚鳖　挑选个体大（重量大于 3.5 克）、生长速度快、抢食能力强、活泼、无伤病的个体，在 40 日龄进行。

（2）幼鳖　挑选个体大（重量大于 500 克）、生长速度快、体型匀称、体质健壮活泼、倒置能侧翻转、无伤病及病害的个体，在 11 月龄进行。

（3）后备亲鳖　挑选个体大（重量大于 900 克）、生长速度快、规格较整齐、性活泼、体健壮、无伤病、"背黄、腹黄"黄河品系中华鳖特征明显的个体，在 16 月龄进行。

（4）亲鳖　挑选个体较大（雌性个体体重 1 200 克以上、雄性个体 1 500 克以上）、生长速度快、体质健壮、活泼、无畸形、无损伤、无病害、成熟度好、背腹黄色特征显著、裙边肥厚且有弹性的个体，在 27 月龄进行。

在世代选育过程中，与未经选育的中华鳖对比，在两个不同的生长阶段（1 龄和 2 龄）对生长性能进行分析，对比研究发现：F_1 1 龄选育组比未选育组生长速度提高 5.63%；2 龄比未选育组生长速度提高 5.83%；F_2 1 龄选育组比未选育组生长速度提高 8.59%，2 龄比未选育组生长速度提高 8.91%，成活率提高 3.53%；F_3 1 龄选育组比未选育组生长速度提高 10.37%，2 龄比未选育组生长速度提高 11.42%；F_4 1 龄比未选育组生长速度提高 15.82%，2 龄比未选育组生长速度提高 13.73% 以上。

选择"背黄、腹黄"黄河品系特征明显、生长速度快、体格大、活力强的亲鳖进行配组繁殖，雌雄比为 6：1，5—8 月为产卵期，产卵历时 90 天左右。经过连续 4 代选育得到了具有明显的"背黄、腹黄"黄河品系中华鳖特征、生长速度快、遗传性状稳定的中华鳖"长淮1号"新品种。

（三）品种特性和中试情况

1. 品种特性

与未经选育的黄河品系中华鳖相比，中华鳖"长淮1号"具有生长速度快的优良性状。与未经选育的中华鳖相比，中华鳖"长淮1号"生长速度明显提高，其中 1 龄（温室养殖）中华鳖平均生长速度提高 15.22%；2 龄（池塘养殖）生长速度提高 13.40%。

2. 中试情况

2018—2021 年，在安徽蚌埠市、江苏泗洪县等多个地区进行中试。中试期间中华鳖"长淮1号"温室养殖累计试验面积达 14 090 米²（包括对照组 1 640 米²）；池塘养殖累计试验面积 1 949 亩（包括对照组 252 亩）；参与试验的中华鳖"长淮 1 号"稚鳖约 55.6 万只，成鳖 286.4 万只。中华鳖"长淮 1 号"在生产性状方面显著优于相同条件养殖的未经选育的中华鳖，且性状稳定，取得了良好的中试效果。生长对比结果显示，与未经选育的中华鳖相比，中华鳖"长淮 1 号"生长速度明显提高，其中温室养殖的 1 龄中华鳖生长速度提高 15.22%；池塘养殖的 2 龄中华鳖生长速度提高 13.40%。

二、人工繁殖技术

（一）亲本选择与培育

1. 亲本选择

从人工培育的中华鳖"长淮 1 号"后备亲鳖中挑选，挑选个体在 3～5 龄，雌鳖体重在 2.0 千克以上、雄鳖体重在 2.5 千克以上为宜（图 2）。选择的亲鳖应背部黄褐色，腹部黄白色，躯体完整，体表无病灶，无伤残、无畸形，无细菌、病毒、寄生虫等病原及营养缺乏、环境不良等因素引起的疾病，在水中能快速游动，在陆地上能快速爬行，外界稍有惊动即迅速逃逸。

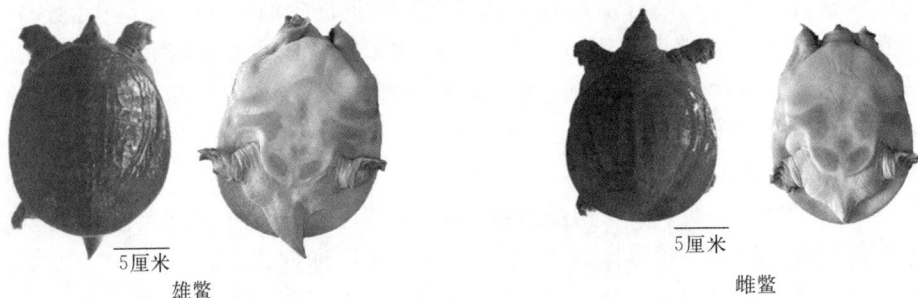

5厘米　雄鳖

5厘米　雌鳖

图 2　中华鳖黄河品系外形特征

2. 亲本培育

（1）培育环境　选择环境安静的区域修建亲鳖培育池（图 3）。地下水或地表水水质符合 GB 11607 的要求。鳖池背风向阳，进排水设施齐全，可根据当地自然条件选择恰当的增保温措施。

（2）饲养管理　亲鳖培育以投喂专用人工配合饲料为主，饲料质量应符合 GB/T 32140 的要求，日投喂量（干重）为鳖体重的 3%～4%。严格按照"四定"原则投喂。

图 3　亲鳖池

坚持早、中、晚巡池检查，观察鳖的活动及摄食情况，随时调整投喂量，及时清除残余饲料。

（二）人工繁殖

1. 产卵场设置

在池边设置长3～5米、宽0.5～1.0米的产卵场，细沙厚20～30厘米，在产卵季节应保持产卵场细沙湿润，含水量7%～8%。产卵场面积可根据亲鳖池大小而定。

2. 亲鳖促熟

亲鳖通常按照（6～8）：1的雌、雄配比进行配对，放养密度按600～1 000只/亩，采用自然交配产卵的方式进行人工繁殖。可在越冬前对亲鳖进行营养强化，加喂适量的鱼、虾等鲜活饲料。

3. 产卵、选卵

亲鳖在5月中旬至8月上旬产卵，6—7月为高峰期。气温25～32 ℃、水温28～32 ℃是最佳产卵温度。鳖产卵后选择卵周缘清晰、色泽鲜亮而光洁、无破损、无畸形以及重量大于3.3克的受精卵进行人工孵化。

4. 人工孵化

（1）孵化设施　孵化设施可选用蛭石、孵化盘、孵化箱、恒温孵化器。宜采用室内恒温孵化。将受精卵的动物极朝上排列于孵化盘中，覆盖湿沙或蛭石片，沙子深度应为5～20厘米，把卵埋在5厘米以下处不会对孵化率产生影响，但为了保持适当的湿度，将卵埋在10～13厘米处较合适，随后移入孵化房（图4）内孵化。孵化房要求相对湿度为80%，孵化沙湿度也维持在80%（即手抓成团、松开即散时），温度要求恒定在28～32 ℃。

图4　孵化房

（2）孵化管理　保持孵化房（箱）通风，适时淋水，蛭石片或湿沙覆盖鳖卵孵化盘，保持温度与湿度稳定，孵化期间可剔除发育异常的鳖卵，经 45 天左右，稚鳖即可破壳而出。

（三）苗种培育

1. 稚鳖培育

稚鳖培育最好是在水泥池中进行，水泥池底面积在 5~10 米²，水深 0.5 米左右，1/3 水面放水葫芦，水泥池内配有 2 米² 左右的晒台和食台。稚鳖放养前 5~7 天，用生物肥水素肥水，待水色嫩绿或褐黄、透明度在 40 厘米以下时即可放养，稚鳖放养密度按 40~100 只/米²（图 5）。

图 5　稚　鳖

合理放苗后应及时投喂，可用稚鳖饲料。开口饵料中最好添加 10%~15% 的鲜活水蚤（红虫）或鸡蛋黄，投喂时应在放养池中直接喂食，以减少鳖体损伤，也能促使稚鳖在池中早开食、早适应、早生长。

2. 培育管理

环境管理是促进鳖生长和防病最关键的环节，具体环境参数为：每天的光照时间不低于 8 小时；最佳气温在 30~35 ℃，不应超过 36 ℃；最佳水温在 30~32 ℃，不能低于 30 ℃，恒温控制，以促进鳖的快速生长；水色嫩绿，透明度为 25~35 厘米，pH 在 7.2~8.0，盐度不超过 5，氨态氮小于 1.0 毫克/升，亚硝态氮小于 0.2 毫克/升，溶解氧在 4 毫克/升以上，总碱度和总硬度均为 1~3 毫克/升，铁小于 1×10^{-5} 毫克/升。

饲养时应投喂黄粉虫、绞碎的鱼肉、鸭肝及市售的稚甲鱼配合饲料，统一采用水下投喂，投喂坚持"四定"原则，一般日投饵 2 次，并根据水温、水质、用药、摄食情况等及时调整投喂量和投喂时间。在稚苗期，每日投饵量为苗体重的3%，控制在1小时内吃完；随着中华鳖体重的增加，每日投饵量占体重的百分比逐步降低，6个月后日投饵量应控制在体重的1%，并在半小时内饵料被吃完为宜。

三、健康养殖技术

（一）健康养殖（生态养殖）模式和配套技术

中华鳖"长淮1号"适宜在北方地区人工可控的淡水水体中养殖，由于北方地区平均温度较南方地区低，为保证其产量和品质，推荐采用"温室＋外塘"分段式仿生态养殖模式（图6）。温室养殖阶段（1龄）进行培苗和越冬，提高其苗种成活率和生长速度；池塘养殖阶段（2龄）进行仿生态养殖，提高中华鳖的品质。

图6 "温室＋外塘"分段式仿生态养殖模式

1. 温室养殖阶段（1龄）

温室养殖是鳖养殖生产中的重要阶段，具有密度高、投饵集中、水质易污染和病害多等特点。在温室养殖过程中，在稚鳖培育、养殖环境（温度、水质、饲喂等）以及疾病防控等方面应加强管理，保证其正常越冬。

（1）稚鳖培育 稚鳖的选择和放养方法同苗种培育。在鳖生长过程中，密度过大或过低都会影响养殖效果，因此，在生产养殖中，基于重量制定密度是较为科学和合理的方法。

应选择体质健壮、规格整齐、色泽光亮、行动活泼的种苗入池。放养前应对鳖苗的规格和数量进行检查，将鳖苗按大、中、小不同规格分别投放到不同的池中。投放时应尽量做到规格整齐，一次性放入足够数量的鳖。根据鳖的规格进行放养，放养密度在 10～100 只/米²，不应盲目追求高密度。

放养稚鳖时注意水体温差不宜超过 3 ℃，动作轻快，避免稚鳖之间撕咬，从而造成损伤。一般体重为 3.5～15 克的稚鳖放养密度为 50～100 只/米²；体重为 15～50 克的幼鳖较适宜的放养密度为 25～40 只/米²；体重为 50～150 克的幼鳖放养密度为 15～30 只/米²；体重为 150 克以上的鳖放养密度为 10～12 只/米²。

（2）环境控制

① 温度控制。为了确保温室养殖水体温度的恒定，根据养殖场的条件，首先可采用节能空调、工厂余热水和温泉水等形式进行加温，也可采用太阳能加温；其次可在温室内设置蓄水池，蓄水池的水体使用前需用 2×10^{-6} 毫克/升漂白粉或 3×10^{-7} 毫克/升强氯精消毒，然后才可注入温室养殖池中。养殖温室气温应保持在 30～35 ℃，不应超过 36 ℃；水温在 30～32 ℃，不能低于 30 ℃，以促进鳖的快速生长。

② 水质控制。温室养殖鳖，因通风条件差，换水量少，养殖池塘处于相对封闭状态，使池水富营养化，从而影响鳖的正常生长。水质调节是温室养殖过程中至关重要的环节，直接影响鳖的产量。养殖用水水质需符合《渔业水质标准》。

科学投饵：控制饲料的种类和数量，应根据鳖的需求进行调节，避免过度投喂和饲料不良造成的水质污染。饲料应该新鲜、干燥、富含营养，比如鱼肉、虾仁、鸡蛋、菜叶、水果等。饲料质量和数量应该根据鳖的体重、生长阶段和温度等因素进行实时调节。在稚苗期，每日投饵量为苗体重的 3%，控制在 1 小时内吃完；随着中华鳖体重的增加，每日投饵量占体重的百分比逐步降低，6 个月后日投饵量应控制在体重的 1%，并在半小时内饲料被吃完为宜。

水质培肥：肥水中的浮游植物可增加水中溶解氧，吸收氨氮、亚硝酸盐、硫化氢等有害物质，抑制病原微生物的生长。同时，肥水下塘可减轻鳖的应激反应，使鳖感到更加安全，减小相互争斗的概率。

水质调节：利用水温控制、曝气调控、使用微生态制剂或生物絮团等多途径对养殖水体水质进行调节，可有效改善水质、提高饲料利用率，增强鳖的免疫力，实现养殖过程中零换水或少换水、预防病害、养殖期间零用药或少用药的效果，从而达到节水、减排、高效、健康养殖。

2. 池塘养殖阶段（2 龄）

稚鳖经过 1 年左右的温室养殖后，于翌年 5 月左右开始转移至外塘，培育至商品鳖进行出售。

（1）池塘准备　室外养殖池可选择水泥池或土塘，池塘应建在环境最为僻静且向阳避风处，并要求水源充足、注排水方便。

养殖池多为长方形，池深 2.0～2.5 米，养殖水深 1.2～2.0 米，池堤坡度 30°，池底为软泥或细沙，厚度为 20～30 厘米，可供鳖越冬或夏伏。养殖池配备完整的食台、晒背台、进排水设施，同池排、进水口在池中应交错设置，以使水体得到尽可能充分的交换，根据养殖面积大小，配备 1～2 台增氧设备。为防止鳖的逃跑，池外围建设防逃设施，高 50～80 厘米。

（2）幼鳖放养　放养池塘应提前做好清塘、消毒等准备工作。对池底淤泥进行清除，使其厚度约为 20 厘米，最好换成沙质或沙土底质，冬季晒塘至少 1 个月。在放养前 1 个月，用生石灰清塘，每亩用量为 75～100 千克。放养前 10 天左右进行培水，使养殖水体达到最佳状态。

商品鳖放养时间一般在 5 月左右，水温稳定在 20 ℃以上时，选择晴天无风的天气进行放养。一般放养密度为 2～3 只/米²。在放养前，用 3% 的食盐水或 1×10^{-5} 毫克/升的高锰酸钾溶液浸泡 15 分钟后放养。放养时按照不同大小分开养殖的原则，在池边铺上草席，将消毒后的鳖直接从消毒容器中慢慢倒在草席上，让鳖自己爬入池中，迅速爬入池中的为优质鳖，如果爬得很慢或者不爬则不能作为养殖鳖种，应予以淘汰。

（3）饲料投喂　中华鳖"长淮1号"应选择商品配合饲料进行喂养，如果鳖的规格较小，可选择蛋白质含量较高的饲料；规格较大的鳖，可选择蛋白质含量较低的饲料。

养殖饲料根据环境条件和规格进行调整。当 4 月之后水温上升到 20 ℃以上时，可参照配合饲料喂养方法，一般投饵量为池鳖总重量的 0.1%～1%，每日投喂 1 次；5 月随着温度的升高，投饵量可以增加到 3%，适当补充一些动物性饵料；6—8 月为 3%～4%，9 月为 2%～3%，6—9 月为生长黄金期，除投喂配合饲料外，还要增加一些动物性饵料和青饲料，投喂量要充足，营养要全面；在 10—11 月投喂量应改为 0.5%～1%，这一阶段是鳖越冬前的喂养期，应该多喂一些蛋白含量和脂肪含量高的饲料，使鳖顺利越冬。

在喂养过程中，要遵循"四定"投饵的原则，按照"四看"投饵方法，灵活掌握每天的投饵量，要做到让鳖吃饱、吃好，同时避免暴食和剩食。暴食不仅不利于鳖的生长，还可能会引发多种消化道疾病；而剩食过多则会造成浪费并影响水质，饲料在 2 小时内吃完为宜。

3. 日常管理

（1）巡塘　坚持每天早、中、晚各巡塘 1 次，注意观察水色变化和水质情况，发现问题及时加水、换水或消毒。同时观察鳖的吃食情况、活动情况以及晒背情况，特别是晒背时间过长、久晒不愿意下水的鳖要注意是否染病，如有此类鳖，要及时将其隔离处理。

（2）及时清理　水槽需要定期清洗，将积累的污垢和浮游生物清除。清洗水槽应该避免使用刺激性的清洁剂或化学药剂，以免残留物质对鳖造成影响。

食台是引发鳖肠道疾病的重要病原。因为鳖的饲料为高蛋白饲料，极容易腐烂变质，所以，每次投喂饲料时，要用扫帚清洗食台 1 次，如果食台上残饵较多，要收集深埋，不能直接冲洗到池中，以免影响水质。在高温季节，每隔 3 天用 1×10^{-5} 毫克/升的漂白粉消毒 1 次，其他时间，每周消毒 1 次。

（3）生长监测　温室养殖和池塘养殖阶段，需定期观察和记录鳖的生长和健康情况如体重、食欲、活动力等，及时发现异常情况并采取相应措施。记录水质情况、饲料投喂量、清洁记录等，可以根据监测结果调整和优化养殖管理措施。

（4）水质管理　根据外界环境的气候和水温来调节池塘的水位：定期冲水，每次的水位变化不能过大，只能在小范围内进行调节；每次换水量不能超过总水量的 1/3，防止出现水位忽高忽低的现象，使鳖产生应激反应，带来不必要的损失。也可使用微水流，能有效地提高养殖效果。

在养殖池中栽培水葫芦等水生植物，可有效改善水质，但水生植物栽种面积不应超过水面面积的 1/5。同时也可在鳖池中搭配一定数量的鲢、鳙，用于净化水质。一般放养规格和密度为：鲢 200～250 克/尾，放养密度 250～300 尾/亩；鳙 300～400 克/尾，放养密度 50～80 尾/亩，不得搭配鲤、鲫、鲴等摄食能力较强的鱼类。

在养殖过程中定期使用漂白粉、强氯精、生石灰、二氧化氯等制剂对整个池塘进行消毒处理，一般在放药后的 2～3 天，在池塘内泼洒光合菌制剂，能够有效地调节池塘水质，每个月进行 1～2 次调节即可。

（二）主要病害防治方法

1. 细菌性疾病

细菌性疾病在中华鳖养殖过程中十分常见，对中华鳖的健康产生了严重的影响。这些细菌性疾病可能导致鳖甲损伤、呼吸道感染、消化系统问题以及其他器官的感染。在中华鳖养殖中最常见的细菌性疾病有疖疮病、红脖子病、腐皮病。

治疗方法：注意改善养殖水体水质环境，投喂营养丰富的鲜活饵料，并添加维生素 E、中草药制剂等增强中华鳖的免疫力，使用微生态制剂、生物絮团等进行水质调节，养殖过程中适度投喂并及时清除残饵，保证水质清新，对细菌类疾病有很好的预防效果。

当中华鳖出现细菌性疾病时，及时对病鳖进行隔离，轻症个体采用药饵服用的方式进行治疗，连续 3 天将维生素 C、磺胺类药物与饵料混合进行投喂。重症个体及病死个体应及时进行无害化处理。对于发病的池塘，先进行换水处理，然后对养殖池进行彻底消毒，全池泼洒聚维酮碘溶液，连续施用 3～5 天，晒塘 1～2 周后方可继续使用。

2. 真菌性疾病

中华鳖真菌性疾病是指中华鳖在养殖过程中受到真菌感染而引发的疾病。真菌是一类微生物，常见的真菌包括白色念珠菌、伤寒霉菌、毛霉菌等。这些真菌可以通过空气、水源、饵料等途径进入中华鳖的体内，导致感染和疾病的发生，中华鳖真菌性疾病主要为水霉病。

治疗方法：当发现中华鳖患病时，要及时起捞并隔离，放到浅水水泥池中治疗，同时在伤口处涂抹土霉素软膏，用 10 毫克/升的漂白粉溶液浸浴 10～20 分钟；在喂养的饲料中添加维生素 C 及维生素 E，增加鳖体的抗霉菌能力，并每天使用 200 毫升的水霉净溶液对面积为 4～5 亩的鳖池进行泼洒，连续使用 2～3 次，可以有效控制水中的病原微生物和寄生虫。

3. 寄生虫性疾病

寄生虫性疾病是指由寄生虫感染引起的疾病，在中华鳖的养殖过程中也是常见的问题之一。寄生虫是一种依靠寄主生存和繁殖的生物，它们可以寄生在中华鳖的体内或外部，引起一系列的病症和健康问题。中华鳖寄生虫性疾病主要有固着纤毛虫病、肠穿孔病、血簇虫病等。

治疗方法：首先清除池底过多的淤泥，并进行消毒，以减少寄生虫的滋生和传播。如果发现中华鳖体表有鱼蛭寄生，可以用老丝瓜蕊吸取足够量的猪血，等血凝固后将其放入池中，诱捕鱼蛭，并将其压死。在喂食时，要避免被鲜活食材所带的寄生虫感染。可以先将食材冷冻 3～5 小时，然后再进行投喂。同时，禁止投喂腐烂变质的食物，以防止寄生虫的进一步传播。在鳖的饲料中可添加少量的驱虫药，如甲苯咪唑等，以帮助控制寄生虫感染。

4. 病毒性疾病

主要有中华鳖虹彩病毒病。

治疗方法：一旦发现中华鳖患有虹彩病毒病，应立即将其隔离，以避免病毒传播给其他健康的鳖。同时，确保鳖的饲养环境干净卫生，并维持适宜的水温和水质，这有助于减少病毒的滋生和传播。为中华鳖提供高质量的含有充足营养物质的饲料，可以增强鳖的免疫力，提高其对疾病的抵抗力。在治疗方面，目前针对中华鳖虹彩病毒病尚无特效药物可用，可以考虑使用适当的中药材进行治疗，如大黄芩鱼散、三黄散等，以减轻症状并促进康复。

四、育种和苗种供应单位

（一）育种单位

1. 中国水产科学研究院长江水产研究所

地址和邮编：湖北省武汉市江夏区武大园一路 8 号，430223

联系人：梁宏伟

电话：18771006396

2. 安徽喜佳农业发展有限公司

地址和邮编：安徽省蚌埠市淮上区曹老集镇杨湖村，233000

联系人：李翔

电话：18096581951

（二）苗种供应单位

安徽喜佳农业发展有限公司

地址和邮编：安徽省蚌埠市淮上区曹老集镇杨湖村，233000

联系人：李翔

电话：18096581951

五、编写人员名单

梁宏伟、邹桂伟、周同、李翔、陈华良、朱成骏、罗相忠

金 虎 杂 交 斑

一、品种概况

(一) 培育背景

石斑鱼属鲈形目、鲈亚目、石斑鱼科，是我国重要的海水养殖鱼类资源，是工厂化、深远海网箱和池塘养殖的优选种类，2021 年养殖和捕捞产量分别达 204 119 吨和 95 601 吨，产量居海水鱼类前三位。随着石斑鱼养殖产业的快速发展，石斑鱼在我国南北方沿海地区大量养殖，特别是近十多年来，在北方工厂化条件下石斑鱼繁育和养殖发展迅速。但是由于对野生原种资源缺乏有效的保护，对养殖主要品种资源缺乏有效的选育，目前市场上养殖的石斑鱼苗种出现生长速度慢、抗逆力和抗病力低、病害多、成活率低等现象，已严重影响石斑鱼产业的可持续发展。

棕点石斑鱼（*Epinephelus fuscoguttatus*）广泛分布于印度洋和太平洋的热带、亚热带海域，是主要石斑鱼养殖种类之一，在我国主要分布在南海海域，适温范围为 19～35 ℃，耐低氧，肉质鲜美，是石斑鱼中的珍品；但生长速度较慢，当年养殖苗种体重可达 493 克，且苗种畸形率高、病害多，神经坏死病毒和虹彩病毒常导致其苗种大量死亡，近年来直接养殖棕点石斑鱼纯种苗种极少。

蓝身大斑石斑鱼（*Epinephelus tukula*），俗称金钱斑，是石斑鱼的大型种类之一，在我国南部海域、台湾北部及澎湖海域有分布，为暖温性礁栖大型鱼类，生活于 5～150 米深度的海水中，在自然海域中分布数量少，在日本等国被列为保护鱼类。蓝身大斑石斑鱼生长快、肉质鲜美，能生长到 2 米，体重达 100 千克。但由于人工繁殖和苗种培育技术还未成熟，市场上的养殖量很少。两种鱼在分布生态环境、繁殖习性等方面具有一定差异，存在着明显的生殖隔离，在自然环境中无法杂交产生后代。

选择利用棕点石斑鱼繁殖率高、肉质鲜美、适温较广的特点，以及蓝身大斑石斑鱼生长快、抗逆性强的优良性状进行杂交育种，培育生长快、耐低温、耐低氧及肉质优良的杂交新品种"金虎杂交斑"（*E. fuscoguttatus* ♀ × *E. tukula* ♂），有效解决了石斑鱼苗种生长慢、抗逆力低、成活率低的问题，提高了石斑鱼养殖品种质量，拓展了我国南北方石斑鱼养殖产业空间。

（二）育种过程

1. 亲本来源

母本：棕点石斑鱼，2012 年从海南省陵水、乐东等地养殖公司收集由野生苗种养殖的棕点石斑鱼 5 000 尾，筛选生长快、无畸形、无病害、4～5 龄个体 200 尾，构建基础群体。以生长为选育性状，经过连续两代繁殖选育，于 2019 年构建第 2 代选育群体 1 100 尾，平均体重 5.5 千克，平均全长 52.4 厘米，全长变异系数 5.15%。

父本：蓝身大斑石斑鱼，2012 年从海南三亚、福建漳浦收集和选育人工养殖 4～5 龄蓝身大斑石斑鱼 100 尾，构建基础繁育群体。主要以生长为选育性状，经过连续两代繁殖选育，于 2019 年培育第 2 代选育群体 200 尾，平均体重 26.64 千克，平均全长 100.39 厘米，全长变异系数 4.4%。

2. 技术路线

金虎杂交斑培育技术路线见图 1。

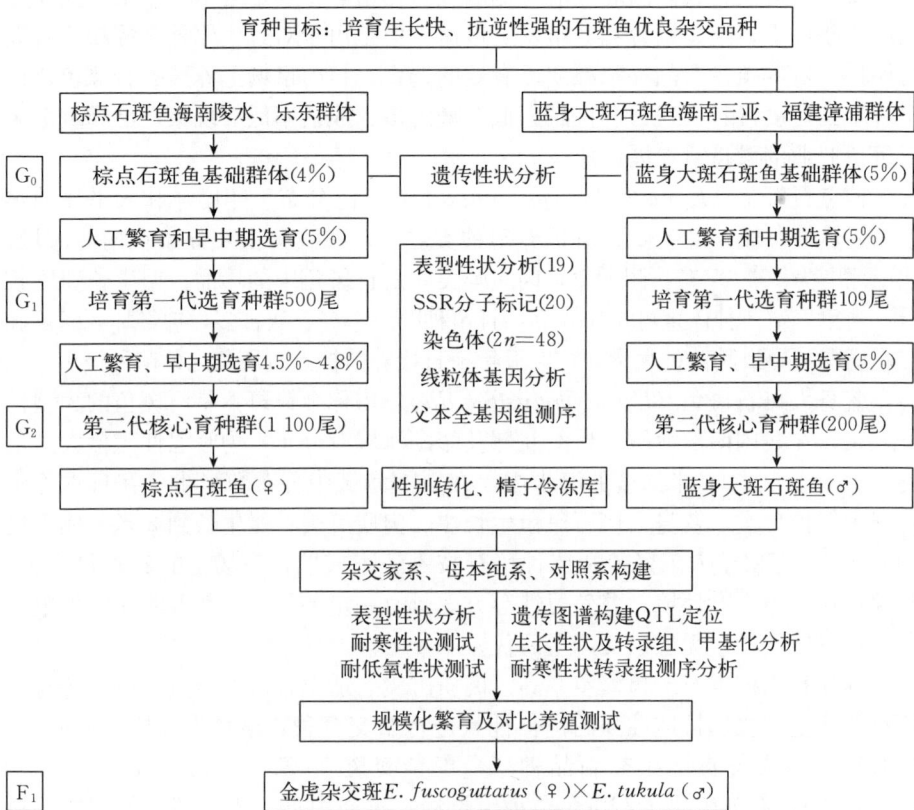

图 1　金虎杂交斑培育技术路线

3. 培育过程

（1）棕点石斑鱼育种群体选育

① 棕点石斑鱼育种基础群体（G_0）。2012 年从海南省陵水、乐东等沿海养殖公司收集由野生苗种养殖的棕点石斑鱼 5 000 尾，筛选出体型正常、体色棕褐色、无畸形、无病害、个体较大、4～5 龄雌雄鱼成熟个体 200 尾，选育强度 4%，构建棕点石斑鱼基础育种群体（G_0），平均体重 6.31 千克，平均全长 64.44 厘米。

② 棕点石斑鱼第 1 代选育群体（G_1）。2012 年利用 G_0 群体繁育棕点石斑鱼鱼苗 20 万尾，生长到 8 月龄，进行 G_1 早期选育，筛选生长速度快、无畸形、体色鲜艳的健康苗种，选择强度为 5%，平均体重 164.2 克，平均全长 19.88 厘米，形成 G_1 早期群体 1 万尾。培育到 14 月龄时，筛选生长速度快鱼苗 500 尾，形成 G_1 中期选育群体，选择强度为 5%，平均体重 411.53 克，平均全长 27.37 厘米。2015 年 G_1 选育群体平均体重达 4.24 千克，平均全长 58.01 厘米，全长变异系数 5.37%，15 个表型性状平均变异系数为 7.27%，性状趋于稳定，达到性成熟。

③ 棕点石斑鱼第 2 代选育群体（G_2）。2016 年利用 G_1 成熟群体繁育鱼苗 55 万尾，生长到 5 月龄时，筛选生长速度快、体色鲜艳、无畸形的鱼苗 2.5 万尾，选择强度为 4.5%，形成 G_2 早期群体，平均体重 57.97 克，平均全长 14.36 厘米。培育到 15 月龄左右，从以上群体中筛选出 1 200 尾生长速度快鱼种，形成 G_2 中期群体，选择强度 4.8%，平均体重 441.37 克，平均全长 27.86 厘米。2019 年 G_2 选育群体达到性成熟，平均体重（5.5 ± 1.0）千克，平均全长（52.4 ± 2.7）厘米，全长变异系数 5.51%，21 个表型性状的变异系数平均 7.05%，群体性状稳定，目前有繁育群体 1 100 尾。

（2）蓝身大斑石斑鱼育种群体选育

① 蓝身大斑石斑鱼基础群体（G_0）。2012 年从海南三亚、福建漳浦等地收集引进的 2 000 尾蓝身大斑石斑鱼中筛选出体型较大的 4～5 龄个体 100 尾，选择强度 5%，平均体重 28.54 千克，平均全长 111.06 厘米，构建了基础繁育群体。

② 蓝身大斑石斑鱼第 1 代选育群体（G_1）。2012 年利用达到性成熟的雌雄鱼进行人工繁殖，培育苗种 1 万尾，培育至 12 月左右，从中筛选出生长快苗种 500 尾，选择强度为 5%，形成 G_1 早期群体，平均体重 1.06 千克，平均全长 41.91 厘米。2015 年 G_1 群体达到性成熟，在工厂化条件下培育亲鱼 109 尾，平均体重 23.57 千克，平均全长 104.89 厘米，全长变异系数 8.16%，21 个表型性状平均变异系数 10.71%，表型性状趋于稳定。

③ 蓝身大斑石斑鱼第 2 代选育群体（G_2）。2016 年利用成熟雌鱼和诱导性别转化雄鱼进行人工繁殖，培育 1 厘米以上鱼苗 20 万尾，生长到 12 月龄，从中筛选生长快苗种 10 000 尾，选择强度为 5%，形成 G_2 早期群体，平均体重 911.31 克，平均全长 40.63 厘米。生长到 15 月龄左右，筛选出其中 500 尾，选择强度为 5%，形成 G_2 中期群体，平均体重 1.46 千克，平均全长 46.46 厘米。2019 年 G_2 群体培育成熟，同时利用性别转化技术诱导培育成熟的雄鱼，筛选培育出 G_2 选育群体 200 尾，平均体重 26.64 千克，平均全长 100.39 厘米，全长变异系数 4.4%，24 个表型性状平均变异系数 9.71%，群体性状稳定。

（3）蓝身大斑石斑鱼精子冷冻库构建　为了解决棕点石斑鱼和蓝身大斑石斑鱼在繁殖时间上存在的生殖隔离，以及蓝身大斑石斑鱼成熟率低、雄性数量少、产精量少的问题，利用发明的石斑鱼性别诱导转化技术和精子冷冻保存技术，诱导建立了蓝身大斑石斑鱼雄性成熟群体，诱导雄性转化率可达 32.24%；收集和冷冻保存了蓝身大斑石斑鱼选育群体和优良个体的精子，建立了精子冷冻库，冷冻保存精子达到 1 500 毫升以上，精子活力达到了 80% 以上，冷冻精子与棕点石斑鱼杂交受精率为（76.67±5.77）%，孵化率为（85.67±5.13）%，畸形率（6.33±1.54）%。

（4）金虎杂交斑繁育　利用选育的棕点石斑鱼和蓝身大斑石斑鱼亲鱼，以及蓝身大斑石斑鱼精子冷冻库，进行金虎杂交斑人工繁殖和苗种培育，首次于 2017 年杂交培育出"金虎杂交斑"苗种。至 2022 年总计人工繁育金虎杂交斑受精卵 322.3 千克，平均受精率 81.67%，平均孵化率 66.91%，在国内共计培育和推广苗种 16 898.34 万尾（表 1）。

表 1　金虎杂交斑人工繁育

年份	受精卵重量 （千克）	受精率 （%）	孵化率 （%）	培育苗种量 （万尾）
2017	1.00			2.50
2018	1.50			12.00
2019	7.80	76.67	85.65	83.84
2020	93.00	80.00	60.00	2 800.00
2021	90.00	85.00	60.00	4 000.00
2022	130.00	85.00	62.00	10 000.00
总计或平均	323.30	81.67	66.91	16 898.34

（三）品种特性和中试情况

1. 品种特性

（1）金虎杂交斑生物学性状　金虎杂交斑体长梭形，侧扁，体长/体高介于父母本之间。头大，约为体长的 1/3。口端位，口裂大而倾斜。吻钝圆，下颌稍长于上颌，上颌骨后端扩大、游离，超过眼后缘，具明显的辅上颌骨。眼大，位于体侧中轴线之上，眼球外突。两鼻孔前后排列，位于眼前方，前鼻孔圆形，盖有皮脂膜，后鼻孔呈纵向短裂状。前鳃盖骨后缘具细锯齿，隅角具 5～6 枚细锯齿棘；后鳃盖骨后缘具 3 个扁棘；鳃条骨每侧各 7 条；鳃膜不连于峡部；有假鳃，鳃弓 4 对，鳃耙内侧比外侧短。体被栉鳞，头部除两颌外均被细鳞。侧线完全，位于鱼体侧中部偏上，向后延伸至尾鳍基部。

体呈棕灰色，全身布满黑色或褐色斑块，头部及腹部似豹纹，体侧有些斑块连成带状。背部有横跨背鳍并向两侧延伸的 4 块较规则凹形黑色带纹，各鳍布满黑色圆斑。背鳍鳍棘部与鳍条部相连。胸鳍和尾鳍后端为圆形。

金虎杂交斑背鳍鳍式：D. Ⅹ～Ⅺ-14～16；胸鳍鳍式：P.18～20；腹鳍鳍式：Ⅴ.Ⅰ-5～6；臀鳍鳍式：A.Ⅲ-7～8；左侧第一鳃弓外侧鳃耙数：上鳃耙数 8～12 枚，下鳃耙数 13～16 枚。

对金虎杂交斑及亲本棕点石斑鱼和蓝身大斑石斑鱼 19 个表型性状进行测量和判别分析，筛选出 6 个主要性状：体长/背鳍基至腹鳍基、头长/眼径、体长/体高、头长/吻长、体长/胸鳍基至尾鳍基、体长/臀鳍基至尾鳍基，可作为金虎杂交斑种质鉴别的主要表型性状（表2、图2）。

表 2　金虎杂交斑和其父母本表型性状

序号	表型性状	母本棕点石斑鱼	父本蓝身大斑石斑鱼	金虎杂交斑
1	全长/体长	1.21±0.06	1.18±0.07	1.18±0.19
2	体长/体高	2.61±0.22	3.50±0.29	3.07±0.36
3	体长/头长	2.48±0.23	2.73±0.42	2.66±0.10
4	头长/吻长	5.17±0.55	3.84±0.85	4.79±0.51
5	头长/眼径	6.66±0.83	8.21±1.29	7.12±0.96
6	体长/尾柄长	6.45±0.89	6.60±1.44	6.28±0.83
7	体长/尾柄高	1.32±0.18	1.35±0.15	1.45±0.16
8	体长/背鳍基至腹鳍基	2.65±0.12	3.19±0.20	3.09±0.12
9	体长/背鳍基至胸鳍基	3.76±0.28	5.14±0.87	5.02±0.38
10	体长/胸鳍基至腹鳍基	8.80±0.90	8.12±1.57	7.46±0.54

（续）

序号	表型性状	母本棕点石斑鱼	父本蓝身大斑石斑鱼	金虎杂交斑
11	体长/背鳍基至臀鳍基	2.04±0.09	2.12±0.07	2.09±0.08
12	体长/胸鳍基至臀鳍基	2.58±0.18	2.28±0.17	2.41±0.13
13	体长/腹鳍基至臀鳍基	2.89±0.30	2.51±0.14	2.82±0.22
14	体长/胸鳍基至尾鳍基	1.56±0.05	1.50±0.10	1.52±0.06
15	体长/腹鳍基至尾鳍基	1.57±0.06	1.52±0.07	1.57±0.05
16	体长/背鳍基至尾鳍基	1.56±0.08	1.61±0.07	1.55±0.04
17	体长/臀鳍基至尾鳍基	3.24±0.32	3.48±0.28	3.34±0.31
18	体长/尾鳍长	4.90±0.34	5.76±0.76	5.49±0.26
19	体长/背鳍基长	1.85±0.10	1.94±0.11	1.92±0.05

金虎杂交斑

母本棕点石斑鱼

父本蓝身大斑石斑鱼

图2 金虎杂交斑和其母本棕点石斑鱼、父本蓝身大斑石斑鱼

金虎杂交斑核型公式是 $2n=48=2sm+46t$，染色体臂数（NF）为 50，与父母本相同。

（2）金虎杂交斑优良性状

① 生长快。1 龄金虎杂交斑体重可达（653.26±81.79）克，2 龄可达（1 435.57±234.32）克。1 龄金虎杂交斑体重较母本棕点石斑鱼提高 74.37%，2 龄较母本提高 100.18%；1 龄金虎杂交斑体重较珍珠龙胆提高 48.79%，2 龄较珍珠龙胆提高 60.71%。

② 耐低温。棕点石斑鱼和金虎杂交斑停止摄食温度分别为 19 ℃和 16 ℃，半致死温度分别为 11 ℃和 9 ℃。金虎杂交斑的停食温度和半致死温度分别低于母本棕点石斑鱼 3 ℃和 2 ℃，具有耐低温的杂种优势。

③ 耐低氧。金虎杂交斑耐低氧达 0.24 毫克/升，窒息点 0.16 毫克/升，遗传了棕点石斑鱼的耐低氧能力，窒息点低于珍珠龙胆（0.24 毫克/升），可以在养殖设施中高密度养殖。

2. 中试情况

2019—2021 年，连续在我国南北方 7 个以上养殖公司大规模开展金虎杂交斑和棕点石斑鱼、金虎杂交斑和珍珠龙胆的对比养殖试验。养殖方式采用了工厂化循环水和高位池塘养殖模式。金虎杂交斑循环水和池塘养殖面积分别达到 56 100 米² 和 33 公顷，养殖苗种总计 355.6 万尾，养殖至 18～25 月龄时，平均体重达到 1 152.42 克，平均成活率 94.93%。对比养殖棕点石斑鱼循环水养殖面积为 1 000 米²，养殖苗种 5 万尾，平均体重为 717.13 克，成活率为 78.0%。对比养殖珍珠龙胆循环水和池塘养殖面积分别为 9 700 米² 和 8 公顷，养殖苗种总计 78 万尾，养殖至 18～25 月龄平均体重达 765.68 克，平均成活率为 81.35%。对比养殖结果显示，金虎杂交斑在生长和存活率方面均优于棕点石斑鱼和珍珠龙胆。1～2 龄金虎杂交斑体重较母本棕点石斑鱼提高 74.37%～100.18%，1～2 龄金虎杂交斑体重较珍珠龙胆提高 48.79%～60.71%。金虎杂交斑适合在我国南北方海水工厂化流水池塘、循环水池塘、池塘和网箱中规模化养殖，养殖效益显著。

二、人工繁殖技术

（一）亲本选择与培育

1. 亲本选择

（1）亲鱼来源　主要以生长为选育性状，经过连续 2 代选育的棕点石斑鱼育种核心群体（G_2）、蓝身大斑石斑鱼育种核心群体（G_2）和精子冷冻库。

（2）亲鱼选择　符合棕点石斑鱼与蓝身大斑石斑鱼种质标准，筛选生长快、体色鲜艳、无畸形、无病症的个体。雌性棕点石斑鱼体重 4.0～9.5 千克，雄性蓝身大斑石斑鱼体重 25.0～55.0 千克。

2. 亲本培育

（1）培育环境　棕点石斑鱼亲鱼培育池为 40 米³ 的水泥池，蓝身大斑石斑鱼亲鱼培育池为 80～100 米³ 的高位水泥池。棕点石斑鱼培育密度为 2～3 尾/米³，蓝身大斑石斑鱼按每 3 米³ 放养 1 尾计算。棕点石斑鱼亲鱼周年培育水温 18～26 ℃。蓝身大斑石斑鱼周年培育水温 18～27 ℃。在 9—10 月，对雌性蓝身大斑石斑鱼性别进行诱导转化，初期培育水温为 24～25 ℃，之后每 5～10 天降温 0.5～1.0 ℃，至 12 月降至 18～20 ℃，之后每 10 天提高 1 ℃，到翌年 3 月提高到 24～25 ℃，并保持此水温。工厂化流水养殖，交换量 4～6 米³/小时，盐度 28～31，采用自然光照。

（2）饲养管理　日常投喂冷冻杂鱼，投喂量为亲鱼体重的 2%～5%，及时清除残饵，保持水质清新。繁殖季节的营养强化以投喂新鲜、蛋白质含量高的沙钻鱼、沙丁鱼为主，并添加维生素（维生素 C 0.2%＋维生素 E 0.1%）及鱼肝油（3%）等营养物质，促进亲鱼性腺发育。

（二）人工繁殖

1. 人工催产

每年 3—10 月为产卵期，挑选腹部较大、性腺轮廓明显的雌鱼，注射绒毛膜促性腺激素（HCG）400～800 国际单位/千克和促黄体素释放激素 A3（LRH－A3）2～3 微克/千克。催产后约 48 小时，可进行人工采卵，同时利用新鲜或冷冻保存的蓝身大斑石斑鱼精子进行干法授精，精卵体积比 1∶（500～1 000）。

2. 受精卵孵化

用玻璃棒轻轻搅拌上述受精卵 1 分钟，再加入干净海水充分混匀，并静置 6～10 分钟，上浮受精卵经清洗后转移至孵化网箱中孵化。孵化密度为（5～8）×10⁵ 粒/米³，孵化温度为 25～27 ℃，光照强度为 100～500 勒克斯，微充气、微流水孵化。在上述条件下，受精卵经 17～20 小时完成孵化。

（三）苗种培育

1. 布池前准备工作

为避免病毒性疾病引起苗种大量死亡，苗种培育车间、设施和工具需彻底消杀。各车间之间应尽量减少接触，禁止工具互相使用。相应生物饵料车间也应配套启动，积极消毒，以供充足健康的饵料。

苗种培育池需提前 1～2 天达到培育条件：光照强度 500～1 000 勒克斯，光线均匀、柔和；温度 24～27 ℃；pH 7.6～8.2；盐度 28～30；溶解氧 6～10

毫克/升；$NH_4^+ - N$ 含量 ≤ 0.1 毫克/升；水流 0.3～0.4 米³/小时。水质其余指标符合 GB 11607 的规定。

2. 受精卵布池

收集孵化中正常发育的上浮金虎石斑鱼尾芽期受精卵，计数布池，控制初孵仔鱼密度为 (1～1.5)×10⁴ 尾/米³。苗种培育池为圆形水池，水体约 40 米³。布池 1～2 天后开始往水体中加入小球藻，密度为 3×10⁵ 个/毫升。

3. 饵料投喂

鱼苗培育饵料依次为 SS 型轮虫、L 型轮虫、卤虫无节幼体、卤虫成体、全价配合饲料。

1～2 日龄的金虎石斑鱼苗基本上靠卵黄营养生存，未开口，暂不投喂；2 日龄后卵黄囊明显缩小，可投喂 SS 型轮虫，日投喂轮虫、小球藻各 2～3 次，轮虫投喂量为 8～10 个/毫升；5～10 日龄转为投喂 L 型轮虫，日投喂 2～3 次，投喂量为 10～15 个/毫升；10 日龄后开始投喂卤虫无节幼体，日投喂 2～3 次，投喂量为 0.5～2 个/毫升；16～25 日龄根据生长情况转投卤虫成体，日投喂 2～3 次，投喂量为 0.5～2 个/毫升；25～30 日龄时增加投喂配合饲料，开始配合饲料过渡阶段；完成配合饲料过渡后，日投喂 2～3 次。培育过程中，水流逐渐增大，30 日龄以上水流增大为 3～5 米³/小时。40～48 日龄时金虎石斑鱼苗便逐渐完成变态发育，渡过苗种培育危险期。

4. 苗种适时分筛

石斑鱼类具有强烈的互残天性，主要发生在苗种阶段，生长速度不同导致个体大小不一，较小的被吞食，因此石斑鱼苗分阶段分筛养殖极其重要。金虎杂交斑鱼苗 40 日龄后大部分鱼苗背鳍棘收缩逐渐完成，为不影响生长和避免互相残食，应及时分苗倒池。通过筛网在水中分筛出不同规格，并分池培育。鱼苗完全摄食配合饲料后进入中间培育阶段，鱼苗生长迅速，每周需筛苗分池 2 次，以减少残食现象发生。

5. 日常管理

（1）水质观察及调控　育苗前期保持水质稳定、及时吸底、调整换水量，育苗水体水面不得出现明显的油膜、浮沫和死鱼等，不得使苗种带有异色、异味、异臭。

（2）定期换网　随着鱼苗生长，及时更换排水管筛网，布卵时采用 70～80 目筛绢网，鱼苗体长 0.8 厘米时采用 40 目尼龙网，体长 1 厘米时采用 20 目尼龙网，体长 1.5～2 厘米时采用 16 目尼龙网，体长大于 2 厘米时采用 8～10 目尼龙网。

（3）池壁、气管清洗　饵料残渣及水中悬浮物会粘在池壁和气管上，每天需擦洗干净，保证外界脏物不进入培育池。

（4）病害防治　防病措施必须贯穿整个苗种培育过程，需做好育苗水质管控、生物饵料清洗与消毒，最大限度隔离病原，且切断传播途径，以减少鱼苗发病。

三、健康养殖技术

（一）健康养殖模式和配套技术

金虎杂交斑适合在我国南北方工厂化鱼池、池塘和网箱中养殖。

1. 工厂化养殖

（1）养殖环境　水质应符合 GB 11607 的规定，pH 7.0～8.5，溶解氧大于 5 毫克/升，非离子氨浓度≤0.02 毫克/升，养殖水温 16～32 ℃，盐度 25～32；养殖水体水面不得出现明显的油膜或浮沫，水体不能带有异色、异味、异臭；人为增加的悬浮物质不得超过 10 毫克/升。

（2）苗种放养　金虎杂交斑工厂化苗种养成时应挑选体质健壮、规格整齐、无病无伤、游动敏捷的苗种，规格在 2.5 厘米以上，移入车间时先用淡水和高锰酸钾溶液浸泡鱼体 3～5 分钟，以杀死寄生在鱼体体表、口腔和鳃等部位的病原生物等，防止鱼体受伤感染，提高成活率和预防疾病的发生。

（3）饵料投喂　采用人工配合饲料，刚放苗时每天可喂 2 次，之后可逐渐减为 1 次，投饵量应以当日不留残饵为宜，养殖过程中要根据实际情况调整。投饵应定时、定点及定量。

（4）投喂方式　在鱼苗前期生长过程中，可采用少量多次的投喂方式，每天投喂 3～5 次，随着规格的不断增大，投喂次数可随之减少。成鱼养殖期间可每 2 天投喂一次，由于石斑鱼类消化速度较慢，间隔 48 小时投喂可极大提高饵料摄入量与利用率。在水温略低时，石斑鱼摄食量减少，应减少投喂；而在水温略高时，适当少量增加投饵量，以防出现肝胆和肠道疾病。投喂时通过观察每个养殖池的鱼苗摄食状态来决定投饵量，抢食积极则多投，抢食差则少投或不投；每次投喂时先敲打池壁引诱鱼群集聚，再分批缓慢投喂，等抢食完前一批饲料后再喂下一批，至抢食不再激烈为止，绝不可将饲料一次倾倒入水体造成浪费和污染，或者是投喂不均出现大鱼吃小鱼的现象。

（5）适时分筛　每隔 1～2 个月对鱼苗生长体重和全长等性状进行测量，同时对鱼苗进行分筛，调整养殖密度，并倒池。

（6）日常管理　工厂化流水养殖每天换水 1～2 次，每次换水时清理池底和池壁，并擦拭气管和气头；定期倒换养殖池并进行规格分筛，避免鱼苗互相蚕食；用高锰酸钾或漂白液对养殖池彻底消毒，工具最好单池使用，或消毒后使用。

2. 池塘养殖

（1）环境条件

① 水质。水质应符合 GB 11607 的规定，pH 7.8～8.5，溶解氧 5 毫克/升以上，氨氮≤0.7 毫克/升。水源取用天然海水，经蓄水池沉淀 24 小时后，再经沙滤池二次过滤，抽进池塘，再沉淀 24 小时，泼洒沸石粉，开增氧机 1 小时，24 小时后排污 5 分钟，直接使用。透明度要求在 50 厘米以上，养殖后期水中有机质过多、藻类繁殖快时要注意控制透明度，及时换水。

② 盐度。盐度相对稳定在 30 左右。

③ 水温。适宜养殖温度 16～35 ℃，7—8 月温度过高时，在池塘四周加盖 60% 遮光网，适当降温。

④ 光照。避免阳光直射，夏季需加盖遮光网。

（2）养殖设施　池塘面积以不大于 10 亩为宜，池深 2 米左右，池底平坦可晒干，底质沙质或沙泥质，保水性好，不渗漏。池塘进、排水口设置闸门、围网等防逃设施。配备一定数量的增氧设施，每口池塘按平均每 1 000 米^2 配备 1 000 瓦增氧机。

（3）苗种放养与养成

① 养殖池准备。鱼苗下塘前 10～15 天，对池塘进行修整并彻底清塘，清除池底污泥，杀灭杂鱼、虾、螺等，每亩池塘用生石灰 100～150 千克，或漂白粉 10 千克全池泼洒消毒。

② 养殖用水培育。在鱼苗养殖前，需将池塘清理干净，并储存养殖用水。放苗前，需确保水质肥沃，可适量施基肥促进水体中微生物和浮游植物的繁殖。肥水培藻能够有效净化水体，吸收水体环境中的有害物质，并产生大量氧气。

③ 苗种放养。放养鱼苗应选择 5 厘米以上、无病无伤、大小均匀的健康鱼苗。入塘前，可用淡水和高锰酸钾溶液浸泡鱼体 3～5 分钟，杀死鱼体体表、口腔和鳃等部位的病原生物，提高成活率。

④ 饲料投喂。金虎杂交斑喜好在颗粒饲料下沉过程中抢食，而对沉底饲料不喜摄食，因此应选沉降速度较慢的饲料进行投喂。设置固定投喂地点，定时、定点、定量投喂，日投喂量为鱼体重的 1%～3%，每日早晚各投喂 1 次，但投喂时要结合天气、水质、水温和鱼体健康状况等灵活调整。

⑤ 日常管理。室外生产受日晒雨淋等影响，藻相、水质因子等会出现极端情况，日常要定时监测，合理施肥换水。高温季节 2～4 天全池大换水一次，根据需要可低水位消毒清底处理。适时投放有益菌和底质改良剂，促进残留物分解，提高池塘自净能力，减少应激反应。

3. 网箱养殖

（1）海区选择　选择可避大风浪海区，潮流畅通，潮水流速小于 2 米/秒，最低潮水深 6 米以上；海底地势平坦、坡度小、底质沙泥或泥沙质；网箱区无直接的工业"三废"及农业、生活用水污染。

（2）网箱规格 常用网箱规格为长、宽各 4～12 米，深 2～5 米，网目长为 20～50 毫米。初期可用网目较小的网衣，随着鱼体长大，逐步换用网目较大的网衣。

（3）放养密度 根据鱼体大小、养殖环境、养殖技术与管理水平合理调整放养密度，一般对于规格为 100～150 克/尾的鱼种，放养密度 50～85 尾/米^3。

（4）饵料类型及投喂 金虎杂交斑可以投喂低值鲜杂鱼与配合饵料。人工配合饵料推荐使用优质全价人工配合饵料，饵料类型可用软颗粒饵料，粒径随鱼体大小调整。鱼体较小时，每天可投喂 2～3 次，待鱼长至 1 龄后，可 2 天投喂 1 次，投喂量为总体重的 2%～5%。

（5）养殖管理 利用机械方法、防附着剂、生物方法等定时清洗网衣附着物，保证水流畅通；从 5～8 厘米鱼苗到成鱼，随着个体生长，养殖空间相对减少，需根据苗种生长情况合理调整养殖密度，定期更换网衣；日常记录水质状况，如水温、密度、溶解氧、水色等，以及饵料投喂量、鱼的活动、鱼的生长情况；定期检查网箱的安全。

（二）主要病害防治方法

1. 神经坏死病
【病因及症状】由病毒引起，在幼苗期发病率高，具传播性强、死亡量大、难控制等特点。病鱼主要表现为黑身、趴底，部分鱼苗"漂水"等。

【流行季节】在水温 25 ℃以上易暴发。

【防治方法】①消灭传染源。加强鱼池、水源消毒，杜绝带病毒鱼苗进场。②切断传播途径。养殖期间利用消毒水源或深层地下水，对发病池及时隔离处理。③保护易感群体。定期使用生态消毒剂，控制水体中弧菌数量，预防细菌病诱发病毒病。一旦病害发生，养殖户也可以通过以下方案进行控制：保持水体稳定，适当加大水流，加大充气，降低水温，降低鱼苗密度。及时清除病鱼，避免筛鱼、搬池等刺激鱼苗的操作。减少饵料投喂，饵料拌服解毒抗应激灵等药物，增强鱼苗抗病力。使用聚维酮碘消毒，控制继发细菌感染。

2. 虹彩病毒病
【病因及症状】病鱼体表除偶有发黑外，一般无明显症状，急性期鳃可见充血发红，而慢性期鳃则呈贫血症状。

【流行季节】流行季节 5—11 月。

【防治方法】预防石斑鱼虹彩病毒病最有效的方法为注射疫苗，平时管理好水质，饵料中可定期添加免疫增强剂，如出现发病应减少投饵或停止投喂。

3. 寄生虫病

【病因及症状】海水鱼蛭寄生引起。鱼蛭寄生在鱼体表，多吸附在病鱼胸鳍、尾鳍或口部，吸食宿主血液，导致鱼体皮肤黏液增多，体表发生溃烂。因为由鱼蛭吸食血液造成的伤口容易发生继发性细菌感染，引起体表发炎溃烂。寄生在病鱼口部或鳃部的鱼蛭会影响病鱼的呼吸、摄食和生长，使得金虎石斑鱼生长缓慢、消瘦、衰弱。鱼蛭大量寄生时，因大量吸血并在病鱼体表不断爬动，导致病鱼失血过多、体表伤口增加，从而引起鱼体贫血、衰弱、抵抗力差。

【流行季节】一年四季都有可能发生鱼蛭病，对石斑鱼危害较大。

【防治方法】在石斑鱼池中放养少量的篮子鱼、斑石鲷等鱼类，具有抑制鱼蛭生长和繁殖的生态防治功效。当有鱼蛭寄生时，可在晴朗的早上使用硫酸铜或一些疗效较好且低毒的中草药制剂全池泼洒，待寄生鱼蛭从鱼体脱落或死亡后，搬至新塘，搬塘后进行消毒，预防鱼体继发感染，然后对原塘进行清塘，将原塘存留的鱼蛭彻底杀灭排出。

四、育种和苗种供应单位

（一）育种单位

1. 中国水产科学研究院黄海水产研究所
地址和邮编：山东省青岛市南京路 106 号，266071
联系人：田永胜
电话：13780600787

2. 莱州明波水产有限公司
地址和邮编：山东省烟台市莱州市三山岛街道吴家庄子村，261418
联系人：翟介明
电话：13806459090

3. 海南晨海水产有限公司
地址和邮编：海南省三亚市崖州区崖州湾科技城雅布伦产业园 5 号楼一楼
101 室，572000
联系人：蔡春有
电话：13876861621

4. 中山大学
地址和邮编：广东省广州市海珠区新港西路 135 号，510275
联系人：张勇

电话：13826091886

5. 漳州市奕鑫水产有限公司

地址和邮编：福建省漳州市漳浦县佛坛镇后社村，363208

联系人：杨建坤

电话：15959649586

（二）苗种供应单位

1. 莱州明波水产有限公司

地址和邮编：山东省烟台市莱州市三山岛街道吴家庄子村，261418

联系人：吕海涛

电话：15864097233，0535 - 2743518

2. 海南晨海水产有限公司

地址和邮编：海南省三亚市崖州区崖州湾科技城雅布伦产业园 5 号楼一楼 101 室，572000

联系人：陈贞年

电话：13637533741

3. 漳州市奕鑫水产有限公司

地址和邮编：福建省漳州市漳浦县佛坛镇后社村，363208

联系人：杨建坤

电话：15959649586

五、编写人员名单

田永胜、李振通、刘阳、王林娜、黎琳琳等

黄颡鱼"全雄2号"

一、品种概况

(一)培育背景

黄颡鱼隶属于鲇形目、鲿科、黄颡鱼属,广泛分布于我国江河、湖泊、水库等自然水域。因其肉质鲜美、肌间刺少、营养价值高而深受消费者的喜爱。黄颡鱼2021年总产量高达58.7万吨,相比2007年总产量(11.4万吨)增长了近5倍。黄颡鱼产业的快速发展得益于育种技术的革新。黄颡鱼雌雄个体间具有显著的生长差异,同塘养殖条件下雄性个体生长速度比雌性快1~2倍。我国科研工作者通过性别控制技术结合性别连锁分子标记成功培育出雄性率高、生长速度快的新品种黄颡鱼"全雄1号"。

随着黄颡鱼"全雄1号"的养殖年限增长,超雄黄颡鱼多代自交,导致全雄黄颡鱼种质资源退化严重,多地全雄黄颡鱼浮现"毛毛鱼"(饵料系数高、生长缓慢)现象。此外,黄颡鱼母本主要由普通黄颡鱼经人工挑选获得,人力成本高,且对母本有机械损伤。全雄黄颡鱼和杂交黄颡鱼(杂交不育)由于生长速度快等特点迅速成为主流养殖品种,而普通黄颡鱼养殖量急剧下滑,导致黄颡鱼母本非常缺乏。

针对以上问题,课题组采用群体选育和性别控制技术分别培育性状优良的黄颡鱼XX全雌配套系和YY超雄配套系;经人工繁殖的子一代为雄性率高、生长速度快且规格整齐的黄颡鱼"全雄2号"新品种。

(二)育种过程

1. 亲本来源

以2014—2015年从洞庭湖岳阳湖区采捕并以体重为目标性状、经连续3代群体选育和2代性别控制技术获得的黄颡鱼子代生理雄鱼(XX′)与雌鱼(XX)人工繁殖获得的全雌黄颡鱼为母本,以2014—2015年从淮河淮南段采捕并以体重为目标性状、经连续3代群体选育和2代性别控制技术获得的黄颡鱼子代超雄鱼(YY)与生理雌鱼(YY′)人工繁殖获得的超雄黄颡鱼为父本,经人工繁殖获得的F_1，即黄颡鱼"全雄2号"。

2. 技术路线

黄颡鱼"全雄2号"培育技术路线如图1所示。

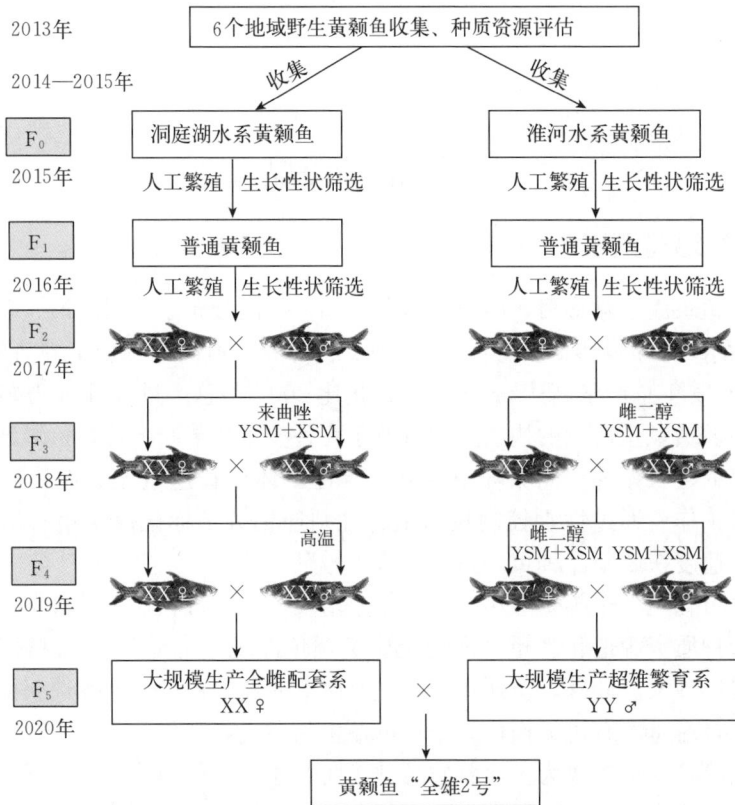

图1　黄颡鱼"全雄2号"培育技术路线

3. 培（选）育过程

（1）黄颡鱼基础群体的构建　2013年收集四川合江、湖北长湖、湖北洪湖、湖南洞庭湖、广东珠江、安徽淮河等6个黄颡鱼野生群体进行遗传分析，结果显示安徽淮河和湖南洞庭湖群体遗传多样性最高、遗传距离最远。基于群体遗传研究结果，选取洞庭湖和淮河野生黄颡鱼群体分别作为黄颡鱼"全雄2号"的父母本的育种基础群体。2014—2015年，分别从洞庭湖岳阳湖区和淮河淮南段采捕野生黄颡鱼4 530尾和4 300尾。

（2）黄颡鱼群体选育过程　2015—2018年，以洞庭湖黄颡鱼为选育基础群体，经连续三代群体选育获得F_3。连续三代每代经两次筛选，水花鱼苗培育至夏花后进行第一次筛选，筛选健康有活力且个体大的黄颡鱼苗种，选择率为 10%；将留存的苗种培育至性成熟后进行第二次筛选，挑选个体大、性腺发育好的黄颡鱼，选择率为 10%。最终分别保留 F_1 和 F_2 黄颡鱼亲本 6 231 尾和 8 694 尾（雌雄配比为 9：1），F_3 雌性黄颡鱼亲本 8 523 尾。以选留的淮河黄颡鱼为基础群体，经连续三代群体选育获得 F_3。连续三代每代经两次筛选，水花鱼苗培育至夏花后进行第一次筛选，筛选健康有活力且个体大的黄颡鱼苗种，选择率为 10%；将留存的 F_1 和 F_2 苗种培育至性成熟后进行第二次筛选，挑选个体大、性腺发育好的黄颡鱼，选择率为 10%，F_3 苗种在第二次仅筛选雄性个体，筛选率为 1%。最终分别保留 F_1 和 F_2 黄颡鱼亲本 9 530 尾和 9 172 尾（雌雄配比 9：1），F_3 雄性黄颡鱼亲本 554 尾。

连续 3 年的繁育结果显示，洞庭湖水系雌性黄颡鱼的催产率均高于淮河水系雌性黄颡鱼。因此，选择洞庭湖水系黄颡鱼作为制备全雌配套系基础群，而淮河水系黄颡鱼作为制备 YY 超雄配套系基础群。

（3）全雌配套系的创制 2017—2019 年，项目组利用洞庭湖水系黄颡鱼 F_2 扩繁所获得的苗种进行伪雄黄颡鱼的创制。首先采用芳香化物酶抑制剂（来曲唑）处理和进行性别连锁分子标记筛选，获得第一代伪雄黄颡鱼（精巢呈蜷缩状，精小叶显著少于普通雄性黄颡鱼，将其用于繁殖的全雌苗畸形率高），第一代伪雄黄颡鱼和正常雌性个体杂交后获得全雌苗，再经高温处理获得高质量第二代伪雄黄颡鱼（精巢发育正常），目前已储备高质量伪雄黄颡鱼 1 029 尾。以第二代伪雄黄颡鱼和 F_3 雌性黄颡鱼为亲本，进行人工催产，获得全雌黄颡鱼。随机选择水花 365 万尾进行培育，在成鱼阶段（选择率为 10%）进行筛选，最终选留个体大、腹部有明显坠落感的健康雌性黄颡鱼作为全雌配套系。

（4）YY 超雄黄颡鱼创制 2017—2018 年，利用安徽淮河黄颡鱼 F_2 亲本扩繁，所获的苗种用雌二醇进行性逆转，通过性别特异标记鉴定，挑选个体大、性腺发育好的生理雌性 XY 黄颡鱼亲本 1 197 尾。以生理雌性 XY 黄颡鱼和淮河 F_3 雄性黄颡鱼为亲本，开展人工繁殖，通过性别特异标记鉴定，筛选并保留 YY 超雄黄颡鱼 F_4 共 527 尾。同时对 YY 超雄 F_4 苗种开展雌性逆转，经选择留存 YY′生理雌性 F_4 共 625 尾。2019 年，以 YY 超雄 F_4 和生理雌性 YY′超雄 F_4 自繁，获得 YY 超雄黄颡鱼 7 740 尾。通过 YY 超雄 F_4 和生理雌性 YY′超雄 F_4 的建立，为 YY 超雄系黄颡鱼的持续供应提供了可靠的物质保障。

（5）黄颡鱼"全雄 2 号"的制种及苗种扩繁 2020 年，首次以 XX 全雌配套系（母本）和 YY 超雄系（父本）开展人工繁殖，并获得后代黄颡鱼"全雄 2 号"，该品种经生产对比小试，具有雄性率高、生长速度快、规格整齐的特点。

（三）品种特性和中试情况

1. 品种特性

生长速度快。在相同养殖条件下，黄颡鱼"全雄 2 号"1 龄商品鱼生长速度较现有新品种黄颡鱼"全雄 1 号"平均提高 12.42％，且规格更为整齐。

雄性率高。黄颡鱼"全雄 2 号"新品种的性腺可正常发育为精巢，生产性对比试验过程中雄性率高达 100％。

2. 中试情况

分别在湖南省和江苏省两个主产区开展黄颡鱼"全雄 2 号"的生产性能对比试验，养殖方式为夏花或大规格鱼种池塘主养，套养鲢、鳙，其中对照组来源于武汉百瑞生物技术有限公司提供的黄颡鱼"全雄 1 号"。

湖南省试验时间为 2020—2022 年，两个地区池塘养殖面积两年累计 800亩。放养规格为 0.5 克/尾的夏花苗种，放养密度为 1.5 万尾/亩。在相同放养规格和放养密度下，与现有新品种黄颡鱼"全雄 1 号"相比，黄颡鱼"全雄 2号"体重增加 15.17％～22.92％、亩产增加 338～470 千克。

江苏省试验时间为 2020—2022 年，两个地区池塘养殖面积两年累计 1280亩。放养规格为 5 克/尾的大规格苗种，放养密度为 1.2 万尾/亩。在相同放养规格和放养密度下，与现有新品种黄颡鱼"全雄 1 号"相比，黄颡鱼"全雄 2号"体重增加 14.74％～19.06％、亩产增加 376～469 千克。

二、人工繁殖技术

（一）亲本选择与培育

1. 亲本选择

雄性亲鱼是采用激素性逆转结合性别连锁分子标记技术产生的 YY 超雄黄颡鱼，经过培育，挑选规格比同龄雌鱼大，体型瘦长，生殖突突出、膨大、末端较尖且有明显红点的个体。年龄在 2 龄以上，体重 100 克以上。

雌性亲鱼是采用激素性逆转结合性别连锁分子标记技术产生的全雌黄颡鱼，繁殖季节的雌性亲本的体表色泽正常，游泳活泼，腹部膨大、饱满、柔软，卵巢轮廓明显且有下坠感，生殖孔变圆且微红。年龄在 2 龄以上，体重50 克以上。

2. 亲本培育

（1）培育环境　亲本培育池应水、电、路畅通，水源、水质良好，符合GB 11607 的规定，池底较平坦，底部淤泥较少或硬质底，面积 3～5 亩为宜，水深 2.5 米以上。每 3 亩池塘配备 1 台 3 千瓦叶轮式增氧机和 1 台投饵机。

（2）饲养管理　亲鱼放养前用高锰酸钾 20 毫克/升或聚维酮碘（2%）0.75 毫升/米³ 溶液浸洗鱼体，根据亲鱼耐受强度控制浸洗时间，一般为 10～15 分钟。池塘亩放亲鱼 150～200 千克，网箱放养密度 5 千克/米²，同时池塘中每亩需搭配放养规格为 100～200 克/尾的鲢、鳙 100 尾，规格为 50 克/尾的鲴类 100 尾，规格为 100 克/尾的鲌类 50 尾。

投料要坚持"四定"原则，一般投饵时间为 8:00、17:00，投喂量为鱼体重的 2%～3%，亲鱼入冬喂养和春季的强化培育应根据鱼摄食情况调整。催产前的全雌黄颡鱼要利用新鲜动物蛋白保证强化培育 1 个月以上。培育方式：小杂鱼虾、鲢鳙打成鱼糜与甲鱼料或者鳗鱼料混合。鱼糜含量为 10% 投喂 1 周、20%～25% 投喂 2 周、10% 投喂 1 周。其间用挖卵器定期检查卵子质量。温度超过 25 ℃即可繁殖。

（二）人工繁殖

1. 人工催产

（1）催产药物　鱼用绒毛膜促性腺激素（HCG）、促黄体素释放激素 A2（LHRH - A2）、地欧酮（DOM）和鲤脑垂体（PG）。

（2）催产药物剂量　按鱼的体重计算，第一针为 LHRH - A2 14 微克/千克＋PG 2 毫克/千克；第二针为 LHRH - A2 16 微克/千克＋PG 5 毫克/千克＋HCG 600 国际单位＋DOM 10 毫克/千克。雄鱼仅注射第二针，注射剂量与雌鱼相同。

（3）注射剂量　第一、第二针每尾各注射 0.3～0.6 毫升（用 0.7% 的生理盐水配制），可根据亲鱼的大小和雌鱼怀卵量灵活调整。

（4）注射方式　一般采用两针注射法，雌性黄颡鱼注射两针（胸鳍基部注射），两针时间间隔 8～12 小时（具体根据水温进行调整），雄鱼仅注射第二针。

2. 挤卵和取精巢

（1）挤卵方法　从鱼框中拿出鱼，用毛巾将生殖孔周围水擦干，左手食指和中指由头部向下握住亲鱼左右胸鳍，右手拇指和食指从腹部由上往下轻、缓挤压，将鱼卵挤入钵中，如没有挤完，可重复 1～2 次。注意事项：操作要轻柔，尽量减少鱼的损伤。挤出鱼卵与授精之间的时间间隔不得超过 10 分钟。不得有水混入装卵钵中。挤出的鱼卵不得被太阳光照射。

（2）取精巢　用毛巾擦干雄鱼体表水，先用剪刀剪开两侧鱼鳃，头向下倾斜放血，避免取精巢时血液污染精巢，再沿泄殖孔向上剪开腹部，用镊子拨开内脏，取出精巢称重后放入 4 ℃的精子保存液中存放。取出精巢放入匀浆器或研钵中研磨成白色浆状。

3. 人工授精

一般按 1 克精巢配 120 万粒卵（按 1 克卵有 500 粒计）；卵质好时多配，卵质不好时也可按照实际情况适量少配，灵活掌握。先称取相应数量的卵，根据精卵配比取出相应量的精液加入鱼卵中，快速搅拌 10 秒，再加入足量水激活精子，之后快速搅拌均匀，约 2 分钟后即可进行脱黏作业。

脱黏：先将泥浆倒入盆中再加入水（泥浆与水的比例为 1∶3），用手搅拌均匀，将受精卵倒入脱黏盆中，搅动 3～4 分钟后鱼卵黏性消失。或将泥浆水和卵倒入倒锥形脱黏桶中气动脱黏，持续时间与前者相同。

洗卵：将脱黏的鱼卵和泥浆水一同倒入 60 目网中的洗卵盆中，反复清洗，直到鱼卵干净后方可放于孵化桶中进行孵化。

4. 孵化

将清洗干净的受精卵倒入孵化桶中，每桶可放 120 万粒卵左右。孵化桶由倒锥形的桶身、桶罩（60 目筛绢布制成）和相关附件组成，体积约为 250 升，侧下方进水，底部充气，上端出水。进水和充气应使受精卵在桶中轻轻翻滚、底部无堆积为适宜。水流速度一般为 0.3 升/秒。注意事项：在孵化的过程中要勤检查，防止停电、停水、停气等突发性事件发生。孵化过程中保证水质清新，溶解氧充足，无敌害生物进入孵化桶中。孵化水温变幅不得超过 3 ℃，否则会造成畸形和出苗率低。鱼苗完全脱膜后应减小水流速度，脱膜过程应注意经常清洗桶罩，以免卵膜堵塞桶罩而造成鱼卵从上面溢出或网罩浮起，也应注意孵化桶避免阳光直射。

5. 出苗

25 ℃水温条件下受精卵脱膜后 15～20 小时，观察到鱼苗变成灰黑色后即可将鱼苗转出暂养。过早或者过晚转出鱼苗都将影响鱼苗成活率。先关掉水阀、气阀，待鱼苗沉入桶底后，采用虹吸的方式将鱼苗吸入带水的容器中。注意虹吸时装鱼容器水位高度与孵化桶的落差高度为 1 米最佳。转移时虹吸工具应与装鱼容器贴边，减少鱼体损伤。

（三）苗种培育

1. 放苗前的准备工作

鱼苗池面积为 1～5 亩，水深 1.0～1.5 米；鱼种池面积 5～10 亩，水深 1.5～2.0 米。在鱼苗或鱼种放养前 1 个月，排干池水、暴晒池底、清除杂物及池埂杂草，减少病原体的滋生。鱼苗、鱼种放养前 7～10 天，应用药物清除池塘内的野杂鱼、病原微生物及害虫。水温 22 ℃以上，清塘用药 5～7 天后（药性消失）开始加水（50～60 厘米）并施基肥。清塘 3 天后开始向鱼池注水，鱼苗池水深应调整为 0.5～0.6 米，鱼种池水深应调整为 0.8～1.0

米。放苗前2～3天，用密网在池中拉网1～2次，若发现野杂鱼或敌害生物，须重新清池，不得侥幸放苗。放苗前2天，针对不同的清塘消毒药物及池塘本身有可能残留的各种不同的毒物需彻底解毒清除后方可放养苗种。放鱼苗或鱼种前1～2天，将少量鱼苗或夏花鱼种放入池内小网箱或鱼篓中，经12～24小时观察鱼的动态，检查池水药物毒性是否消失。若毒性未消失则不能放苗，须找明原因处理之后再试水检测，直至试水无显著死亡方能放苗。

2. 鱼苗培育

检测卵黄囊是否全部消退，确定消退后再观察是否已摄食丰年虫或者轮虫和小型枝角类，若90%以上的鱼苗已开口，方可正常下池。放苗时池塘和鱼苗袋中的水温差不得超过2℃。常规开口苗的放养密度以20万～30万尾/亩为宜。为保持和延长适口饵料生物高峰期，可根据水质适量追肥1～2次。鱼苗摄食饵料生物5～7天后，开始驯食人工饲料。当鱼苗培育10天左右长至1.5厘米时开始转换饵料，投喂甲鱼、鳗鱼饲料或黄颡鱼专用粉料，方法是加水揉成团状放入饵料台。当鱼苗规格达2.0厘米以上时，设置2～3个浮性饵料框，开始驯化0.4毫米微颗粒碎料。当鱼苗规格达3.0厘米以上时，开始投喂黄颡鱼专用0号料。夏花驯食成功后，黄颡鱼专用浮性饲料的投喂量为体重的3%～5%。当鱼苗培育至1 000～2 000尾/千克，可进行鱼苗出售或分塘养殖。

三、健康养殖技术

（一）健康养殖（生态养殖）模式和配套技术

黄颡鱼"全雄2号"主要采用池塘主养模式，根据不同规格和市场需求等具体情况分鱼种培育和成鱼养殖。

1. 鱼种培育

① 夏花后期培育。培育时间为6—7月，放养规格为3厘米，放养密度为6.0万～8.0万尾/亩，养至6～7厘米捕捞售卖或分塘养殖。②大规格鱼种培育。培育时间为7—10月，放养规格为6～7厘米，放养密度为5.0万～6.0万尾/亩，养至10～12厘米捕捞售卖或分塘养殖。

2. 成鱼养殖

① 夏花养至成鱼。养殖时间为7月至翌年6月，放养规格为6～7厘米，放养密度为1.2万～1.5万尾/亩，养至150克左右捕捞售卖。②大规格鱼种养至成鱼。养殖时间为10月至翌年3月或12月，放养规格10克/尾，放养密度0.6万～0.8万尾/亩，养至大于150克捕捞售卖。

3. 配套技术

（1）鱼种筛选技术　根据鱼体规格选择合适的鱼筛，黄颡鱼"全雄2号"夏花后期培育结束时筛选 6.0～7.0 厘米规格的鱼种定塘养殖大鱼种及成鱼。每筛鱼种重量不得超过 5 千克。鱼种进箱后要架设充气式增氧机对鱼种增氧，2 小时后才能分筛，严禁鱼种浮头。分筛过程中操作一定要细致，尽可能利用鱼类顶水的习性让小鱼种自动游出鱼筛，避免机械损伤，以免感染疾病。分筛时水温控制在 10～28 ℃。

（2）驯食投饵技术　养殖鱼种和成鱼应选择黄颡鱼专用饲料，进入池塘喂养的鱼种可直接用投饵机驯食。具体操作为：开启投饵机，将投饵量调到最低少量投喂，利用声音将鱼引诱至投饵区附近，让鱼形成条件反射，以后听到投饵机开启就会聚集在投饵区周围，2～3 天驯化后即可过渡到正常投喂。投饵要坚持"定时、定位、定质、定量"的原则，一般每天投喂 2 次，分别在上午（8:00）和下午（16:00），以傍晚的一餐为主，占全天的 70％ 以上。要根据天气变化及上一餐的吃食情况灵活掌握投喂量，当 80％ 的鱼种吃饱离去就可以停喂。换饲料及加料都应该循序渐进、平稳过渡，不能大起大落。全年饲养过程分三个阶段，即第一阶段 6—7 月每日投饵 2 次，日投饵率占体重的 3％～5％；第二阶段 7—9 月日投饵 2 次，投饵率 3％～4％；第三阶段 10 月以后日投饵 1～2 次，在中午和傍晚投喂，投饵率 1％～2％。

（二）主要病害防治方法

黄颡鱼"全雄2号"抗病能力较强，在科学养殖过程中较少暴发大规模病害。鱼病防治要坚持"以防为主、防治结合"的原则。病害预防有以下措施：①放养鱼苗前，做好池塘清理消毒工作。②鱼苗或大规格鱼种下塘前可进行消毒作业。③投喂适量，注意饲料的品质。在饲料中长期添加乳酸杆菌、枯草芽孢杆菌、酵母菌为主的微生物添加剂，可改善鱼体肠道环境。④放养密度要适当。⑤定期巡塘，捞出异常黄颡鱼进行目检或镜检，通过鱼病诊断，科学用药。

四、育种和苗种供应单位

（一）育种单位

1. 华中农业大学

地址和邮编：湖北省武汉市洪山区狮子山街 1 号，430070

联系人：熊阳

电话：13697134024

2. 中国科学院水生生物研究所

地址和邮编：湖北省武汉市武昌区东湖南路7号，430072

联系人：王忠卫

电话：13627104519

3. 武汉百瑞生物技术有限公司

地址和邮编：武汉东湖新技术开发区珞狮南路517号明泽大厦1268，430070

联系人：刘汉勤

电话：13886089203

4. 武汉农业科学院

地址和邮编：湖北省武汉市洪山区白沙洲大道173号，430065

联系人：陈见

电话：13476190864

5. 湖南省田家湖渔业科技有限责任公司

地址和邮编：湖南省岳阳市华容县护城乡田家湖渔场办公楼二楼，414000

联系人：孙华

电话：18216399266

（二）苗种供应单位

1. 湖南省田家湖渔业科技有限责任公司

地址和邮编：湖南省岳阳市华容县护城乡田家湖渔场办公楼二楼，414000

联系人：孙华

电话：18216399266

2. 武汉百瑞生物技术有限公司

地址和邮编：武汉东湖新技术开发区珞狮南路517号明泽大厦1268，430070

联系人：刘汉勤

电话：13886089203

五、编写人员名单

梅洁、熊阳、王忠卫、刘汉勤、陈见、孙华、皇培培、王宇宏、郭稳杰、徐江等

黄姑鱼"全雌1号"

一、品种概况

（一）培育背景

黄姑鱼（*Nibea albiflora*）俗称黄婆鸡、黄姑、铜罗鱼等，属石首鱼科、黄姑鱼属，为近海暖温性中下层经济鱼类，分布于中国、朝鲜半岛和日本南部沿海，是我国重要的海水经济鱼类，具有抗病抗逆性强、营养价值高、市场认可度好等优点。随着黄姑鱼繁育技术日趋成熟，其养殖规模在浙江、福建以及山东、河北等地沿海迅速扩大，已经成为我国重要的海水鱼类养殖品种。目前，黄姑鱼养殖过程中存在苗种生长缓慢、同期养殖苗种规格参差不齐等突出问题，造成养殖周期长、品质下降，产品价格上不去，养殖风险高，严重影响了养殖企业的经济效益和积极性。究其原因，一方面是在产业中未经选育的养殖苗种占比很高；另一方面黄姑鱼生长存在明显的雌雄二态性，雌雄的生长差异在20%以上，雌性显著大于雄性。因此，培育全雌苗种不仅有利于提高黄姑鱼的生长速度，而且使上市规格整齐，有利于提升产品的质量和价值，促进其养殖产业的可持续发展。

（二）育种过程

1. 亲本来源

黄姑鱼"全雌1号"亲本来源于2003—2006年从浙江舟山海域采捕的野生黄姑鱼（平均规格＞300克），共计585尾，至2006年底保活驯养284尾。2007年4月从驯养群体中挑选活力好、个体大的210尾作为亲本，其中雌鱼体重大于600克，雄鱼体重大于400克，雌雄比例约为2∶1，建立育种基础群体。

2. 技术路线

黄姑鱼"全雌1号"培育技术路线见图1。

3. 培（选）育过程

群体选育：2007年4月从采捕保活的野生亲鱼中挑选210尾鱼（雌∶雄≈2∶1）作为基础群体，5月中下旬开始自然产卵，培育获得F_0。在F_0养

2003—2006年　浙江舟山海区收集野生亲本

2007年　群体选育以生长优势为目标，每代进行4次选择，留种600尾，雌雄比2:1，选留率0.1%　选育群体F_0　父本为伪雄鱼配套系，由群体选育、雌核发育和性逆转技术集成应用培育

2009年　选育群体F_1

2011年　选育群体F_2　2013年挑选F_2♀诱导雌核发育　雌核发育种苗G_0

性逆转

2013年　选育群体F_3　　伪雄选育群体$NeoG_0$

F_3♀×G_0♂

2015年　选育群体F_4　全雌种苗G_1　性逆转　伪雄选育群体$NeoG_1$

F_4♀×G_1♂

2017年　黄姑鱼"全雌1号"

2017—2019年　养殖性状测试(小试)

2019—2021年　生产性对比和中试养殖试验

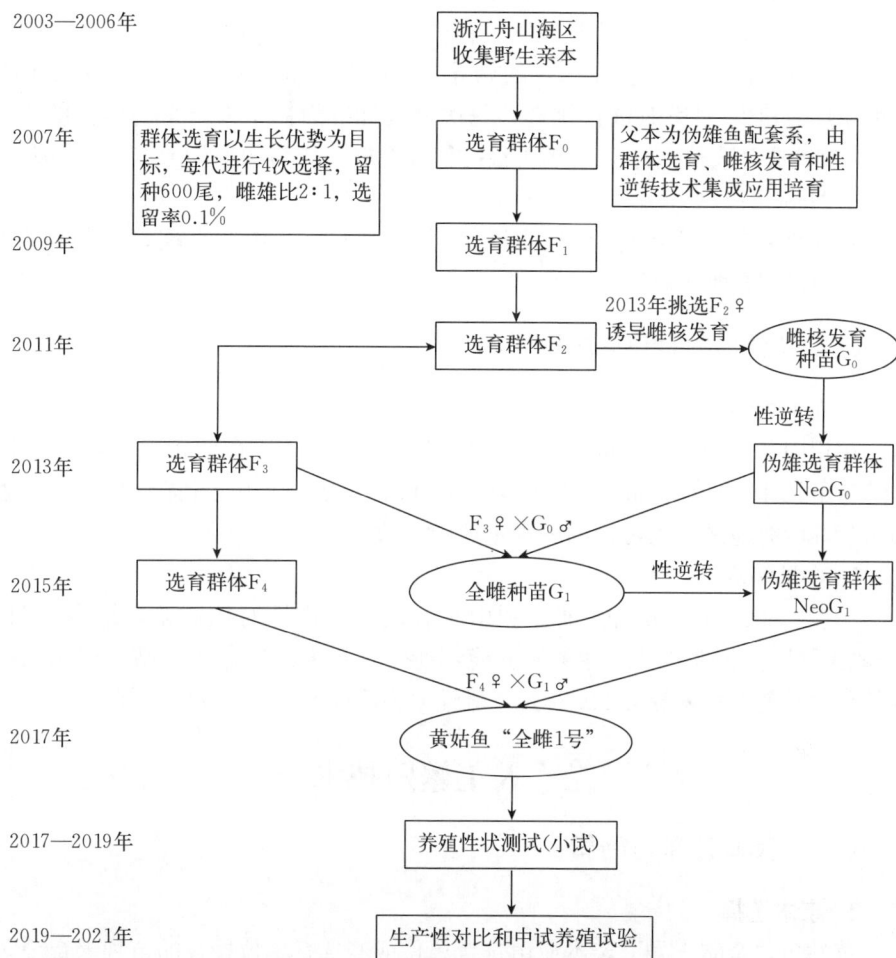

图1　黄姑鱼"全雌1号"培育技术路线

成过程中，以生长优势为选育目标进行 4 次人工选择：分别在 1.5 月龄、6 月龄、12 月龄和 18 月龄时挑选生长优势明显的种苗留种，总选留率约 0.1%，最终 F_0 留种 600 尾作为亲本群体。

此后，按照 F_0 的留种方法，分别在 2009—2011 年、2011—2013 年、2013—2015 年和 2015—2017 年选留获得 F_1、F_2、F_3 和 F_4 亲本群体。

伪雄鱼配套系培育技术：2013 年 5 月中旬，从 F_2 留种亲本中挑选性腺发育良好的雌鱼 30 尾进行雌核发育，获得雌核发育后代（G_0）。在 G_0 种苗性腺未分化阶段（30 日龄），采用雄激素处理诱导培育伪雄鱼。伪雄鱼经过 2 次筛选，淘汰畸形个体，选择活力强、生长快的个体留种，总选留率为 10%，获

得 200 尾伪雄鱼选育亲本群体，即伪雄鱼配套系 $NeoG_0$。

2015 年 5 月中下旬，挑选性腺发育良好的 F_3 母本和伪雄父本 $NeoG_0$ 混合交配繁育全雌种苗，参考 $NeoG_0$ 的诱导方法继续诱导获得伪雄鱼。分别在伪雄鱼 6 月龄和 12 月龄时进行挑选，每次挑选标准为体重大于平均体重的 1.1 倍，2 次挑选总选留率为 0.24%，最终留种 200 尾作为伪雄鱼亲本，即伪雄鱼配套系 $NeoG_1$ ♂。

通过留种亲本 F_4 ♀与伪雄鱼配套系亲本 $NeoG_1$ ♂混合交配繁育获得 F_5，即为黄姑鱼"全雌 1 号"。

（三）品种特性和中试情况

1. 品种特性

在相同养殖条件下，黄姑鱼"全雌 1 号"与未经选育的黄姑鱼相比，18 月龄鱼生长速度平均提高 28.28%以上，雌性率为 100%。适宜在浙江、福建和山东等沿海地区人工可控的海水水体中养殖。

2. 中试情况

2019—2021 年，分别在浙江和山东开展了生产性对比试验，结果表明，"全雌 1 号"生长性状及雌性率能够稳定遗传，与未经选育的黄姑鱼相比，18 月龄鱼生长速度平均提高 29.83%，雌性率为 100%，增产效果显著。

二、人工繁殖技术

（一）亲本选择与培育

1. 亲本选择

黄姑鱼"全雌 1 号"亲本应由选育单位或经选育单位授权的苗种繁育公司提供。繁殖用雌性亲鱼年龄要求 2 龄以上（一般不超过 6 龄），体重应不低于 650 克；繁殖用雄性亲鱼应为黄姑鱼伪雄鱼，年龄要求 2 龄以上（一般不超过 6 龄），体重应不低于 400 克。

2. 亲本培育

（1）培育环境 入冬后，当水温降至 13～14 ℃时，应将室外蓄养亲鱼移入室内水泥池培育。亲鱼运到室内后应用 150～200 毫克/升甲醛溶液浸泡 5 分钟或用淡水浸泡 5～10 分钟后再入池。受伤亲鱼应隔离治疗。亲鱼池一般以 30～40 米² 圆形或方形（四角圆形）水泥池为宜，放养密度控制在 3～4 千克/米³，越冬期水温应保持在 13～14 ℃，此时黄姑鱼可少量进食。

（2）饲养管理 越冬期间少量投饵，水温 16 ℃以上时正常投饵，饵料以冰鲜鱼、贝肉、沙蚕为主，日投饵率为亲鱼体重的 4%～6%，并添加适量复合维生素，促进亲鱼性腺发育。根据生产时间安排，人工催产前30天左右开始升温促熟，每天升0.5℃，至19℃时停止升温，保持恒定至自然产卵（或催产）。每日吸污、换水1次，进水温差小于1℃，换水量100%，溶解氧大于5毫克/升。

（二）人工繁育

1. 产卵

当水温升至19～20℃时，黄姑鱼亲体开始出现发情追逐现象，此时可以听到亲鱼发出"咕咕"声，日落后叫声更为频繁。亲鱼一般在20：00开始产卵，此时应保证水温稳定、持续充气。若受精卵需求量大，也可对亲鱼进行人工催产：雌鱼LHRH-A$_2$ 1.2微克/千克，雄鱼减半。催产时应根据亲鱼性腺发育状态适时调整剂量，一般不应超过推荐剂量，以免导致雌鱼因性腺发育过熟而胀死。

2. 集卵

当日产卵结束后，可于次日清晨收集受精卵。具体方法为：先关停气阀，然后用100目质地柔软的拖网在池中来回拖动收集受精卵。收集好的受精卵除污静置后，将漂浮在上层的受精卵收集过秤，然后移入育苗池中孵化。

3. 孵化

育苗池水位保持在1.0～1.1米，受精卵孵化密度5万～7万粒/米³，孵化水温21～22℃，盐度25～30，溶解氧大于5毫克/升，pH 7.8～8.4。孵化过程中避免阳光直射，微充气，充气量控制为水面水花直径20～30厘米。经24～30小时仔鱼孵化出膜，及时吸出污物和死卵。

（三）苗种培育

1. 鱼苗培育

培育池使用前需洗净，并用30～50毫克/升次氯酸全池消毒。培育期水温20～25℃，盐度25～30，pH 7.8～8.4，溶解氧5毫克/升以上。光照在500～1 500勒克斯，避免阳光直射。培育池受精卵密度约为50克/米³，后期随着苗种长大及时稀疏密度。仔鱼出膜后第3天开始投喂经营养强化培育的褶皱臂尾轮虫，育苗水体中轮虫密度保持在3～5个/毫升，并保持小球藻细胞10×10⁴～20×10⁴个/毫升；出膜后12天左右开始添加投喂卤虫无节幼体；15～16天可以搭配桡足类投喂，并及时调整二者投喂比例；18天左右开始进行配合饲料驯化。该阶段应根据鱼苗生长发育情况，及时调整饵料的品种和数量，注意饵料转换期饵料种类的过渡，使鱼苗逐步适应饵料转换。轮虫投喂期，每2天换水20%；开始投喂卤虫后，每天吸污1次，每日换水30%～50%；投喂配合饲料后，每天吸污 2 次，及时清除池底残饵、粪便、死苗等，换水量增加到 100%～150%。育苗期间连续充气，随鱼体生长逐渐增大充气量，水温在 21～25 ℃，盐度在 25～30，溶解氧保持在 5 毫克/升以上。

2. 鱼种培育

鱼苗在室内水泥池中培育至全长 30～35 毫米时，即可移到海区网箱中继续进行中间培育，海区水温与培育池水温温差应不超过 3 ℃，鱼苗下海前停食一餐。一般采用活水船进行苗种运输。活水船鱼苗运输密度为 $2×10^4$～$3×10^4$ 尾/米^3，鱼苗运输密度视运输距离长短与鱼苗的规格大小适当调整。鱼苗放养应选择在小潮汛期间，以低平潮、流缓时为宜。全长 30～35 毫米的鱼苗放养密度在 1 000 尾/米^3 左右，随着鱼苗的长大，适时更换不同规格网目的网衣，并及时分箱疏养。刚入网箱的鱼苗，可投喂小粒径浮性配合饲料，采取少量多次、缓慢投喂的方式，每天投喂 6～8 次，以后可逐渐减少至 2～3 次，早晨和傍晚投喂。随着鱼苗长大，逐渐降低投饵率。当鱼苗体重长至 30 克时即可作为鱼种出售。

三、健康养殖技术

（一）网箱养殖和配套技术

1. 海区环境

养殖海区水深应保证在最低潮时，网箱底距离海底 1.5 米以上。风浪较小，潮流畅通，流向平直而稳定，具往复流，流速不大于 1.0 米/秒；经挡流等措施后网箱内流速小于 0.2 米/秒。底质宜选择泥质或沙泥质底。传统养殖网箱规格（长×宽×深）为 (6.0～9.0) 米×(6.0～9.0) 米×(6.0～9.0) 米，也可使用周长 30 米以上的圆形 HDPE 深水网箱，网衣规格依养殖阶段而定。网箱养殖区的养殖面积不得超过可养殖海区面积的 10%，单个渔排面积不超过 1 600 米^2。网箱排列应与潮流相适应，渔排间距 20～50 米，迎潮面间距 100 米。

2. 养殖密度

选择在小潮汛期间放养鱼种，根据鱼种大小确定放养密度，一般体重30～50 克的鱼种放养密度为 50～80 尾/米^3，后期随着鱼苗长大，及时稀疏密度。

3. 日常管理

水温 15～28 ℃时，每天早上与傍晚各投喂 1 次，投饵量控制在鱼体重的 2%～5%；阴雨天气及水温低于 15 ℃或高于 28 ℃时，适当降低投饵率，每天投喂 1 次。根据水温和网眼堵塞情况，及时换洗网衣，同时进行分箱和鱼体消毒。每天定时观测并记录水温、盐度、透明度与水流等理化因子，以及鱼的摄食、活动、病害与死亡情况，发现问题应及时采取措施。病鱼、死鱼应集中收集后无害化处理。

4. 越冬管理

越冬前应提早对鱼种进行清点和分箱，做好网箱的安全防范与鱼种防病工作。越冬前1个月应适当加大投喂量，以保证鱼体在越冬期间的能量消耗。越冬期间，每1~2天在傍晚投喂1次配合饲料，投饵率以0.5%为宜；温度低于13℃时，不投喂。越冬期间避免移箱操作。

5. 成鱼收获

当成鱼达到400克以上规格时，即可起捕收获。起捕前应确保休药期已过，并停饵1~2天。

（二）主要病害防治方法

1. 淀粉卵甲藻病

【病因及症状】淀粉卵甲藻寄生在鳃丝上。鱼体游动缓慢，摄食量下降或停止摄食。显微镜下观察鳃丝可见直径为20~150微米的黑色椭圆形营养体。

【流行季节】春夏之交，水温25℃以上易暴发此种病害。

【防治方法】坚持以防为主，防重于治。采取控制放养密度，勤换水、吸污等措施。一旦发病，可用硫酸铜1~1.5克/米^{3}和硫酸亚铁0.6~0.8克/米^{3}合剂全池泼洒，药浴3小时后100%换水，以排出死亡、脱落的虫体，重新加注新水。连续用药3天。

2. 肠炎

【病因及症状】由细菌感染或营养不良、水质变差引起。鱼食欲不振，厌食或拒食，有时伴有体色变暗或发黑，按压腹部有腹水从泄殖孔流出。

【流行季节】全年均可感染此种病害。

【防治方法】坚持以防为主，防重于治。勤换水、保证饵料质量，适时在饵料中拌入多维、乳酸杆菌等。早发现早治疗，发病后可在饲料中加入大蒜素等进行治疗。

四、育种和苗种供应单位

（一）育种单位

浙江省海洋水产研究所

地址和邮编：浙江省舟山市定海区临城体育路28号，316021

联系人：徐冬冬

电话：13615809630

（二）苗种供应单位

浙江省海洋水产研究所

地址和邮编：浙江省舟山市定海区临城体育路 28 号，316021

联系人：陈睿毅

电话：13758029690

五、编写人员名单

徐冬冬、陈睿毅、胡伟华等